慢慢来 一切 都来得及

[illegible]楠 著

中国纺织出版社

内 容 提 要

不知从何时起，“急”成了世人的生活节奏、心灵节奏。似乎，成功永远属于走在最前面的那个人，幸福永远归功于追逐的结果，就连未可知的明天也幻化成了头脑中的预演篇。跑，真的就比走要快吗？也许，在竞技场上它是不变的真理，但置身于生活的世界里，它可能会颠覆许多人的认知。璀璨的生命不是一蹴而就的，不必急着把棋盘下满，不必急着让生活给予所有答案。慢一点儿，其实一切都来得及。

图书在版编目（CIP）数据

慢慢来，一切都来得及／雅楠著．—北京：中国纺织出版社，2018．1（2018.9重印）
ISBN 978-7-5180-3871-8

Ⅰ.①慢… Ⅱ.①雅… Ⅲ.①人生哲学-青年读物
Ⅳ.①B821-49

中国版本图书馆CIP数据核字（2017）第183132号

策划编辑：郝珊珊　　特约编辑：周馨蕾　　责任印制：储志伟

中国纺织出版社出版发行
地址：北京市朝阳区百子湾东里A407号楼　邮政编码：100124
销售电话：010－67004422　传真：010－87155801
http：//www.c-textilep.com
E-mail：faxing@c-textilep.com
中国纺织出版社天猫旗舰店
官方微博http：//weibo.com/2119887771
三河市延风印装有限公司印刷　各地新华书店经销
2018年1月第1版　2018年9月第5次印刷
开本：710×1000　1/16　印张：13.5
字数：100千字　定价：36.00元

凡购本书，如有缺页、倒页、脱页，由本社图书营销中心调换

前言

纽约市市长布伦伯格在纽约市立大学的毕业典礼上发表了这样一段演说："成功的秘诀其实很简单，就是，你要比别人能打拼。如果你比办公室里所有同事都早到，都晚退，而且一年365天没请过一天病假——你就一定会成功！"

他以自己的父亲作为典范："我父亲就是这样，他从早干到晚，一周7天，一辈子从不休息，干到最后一刻，然后跑到医院挂号，就地死亡。"

他说得很认真，且极其严肃。其实，他是在反讽。

不知从何时起，"急"成了世人的生活节奏、心灵节奏。似乎，成功永远属于走在最前面的那个人，幸福永远归功于追逐的结果，就连未可知的明天也幻化成了头脑中的预演篇。跑，真的就比走要快吗？也许，在竞技场上它是不变的真理，但置身于生活的世界里，它可能会颠覆许多人的认知。

生活不是比赛，而是一场走过就无法回头的旅程，走得太急了，跑得太快了，会忽略风景，会迷失方向，会错过你不曾发现的美好。璀璨的生命不是一蹴而就的，殊不知，千万次的跌倒才能长大成人，停下来再出发才能走得更远。

人生就像一本故事书。悲欢喜乐，爱恨交织，零零落落地组合，构成了完整的一辈子。只是，我们不知道巅峰会出现在哪一页，便总是显得太心急，患得患失，自暴自弃。其实，何必那么焦躁，把人生拉长一点来看，此刻也许只是前奏，真正的生活尚未开始。

等待，是人生中必经的过程，它就像破茧成蝶前的孕育，又像是香醇美酒开坛前的酝酿。等待，是为了更好地出发，让人更好地体味出发的快乐。所以，在未曾达成心愿之前，把希望寄托于未来，学会如何取舍，懂得如何在独自徘徊的时候，领悟等待的价值。

有人曾经把等待比喻成一个空心的圆，他说："即使里面是空的，也不影响它存在的价值。"纵然，等待的结局未必都是圆满，但那份坚持与坚定，却可以支撑一个灵魂，努力地排除万难，在生命的旅途中走得更远。不必着急把棋盘下满，不必急着让生活给予你所有答案。生活总会给你答案，但不会马上把一切都告诉你。

记住——用心于此生此地，就是最好的人生。

目录

Chapter1
生命会找到他自己的出路

《侏罗纪公园》里有一句经典台词："生命会找到他自己的出路。"人生中许多的失去和得到都难以言明，许多所谓的价值和创造都实难判断。寻常的日子，泡上一壶普洱茶，你爱聊天，我爱笑，坐在沙发上笑得东倒西歪……这，何尝不是一种美好？

❈ 要活得像一个旅行家

2009年底，一个“新世纪10年阅读最受读者关注十大作家”的评奖引起了当时学界不小的反响。其中，有一位获奖者没有前去现场，而是请友人代为领奖。在念那段获奖感言时，全场从一片喜庆祝贺的气氛中慢慢安静下来，纷纷若有所思。台上，话筒里传来了这样的声音：“这是一个每个人都在跑的时代，但是我坚持用自己的步调慢慢走，因为我觉得大家其实都太快了——就是因为我还在慢慢走，所以今天来不及到这里领奖。”

这位获奖者就是台湾著名漫画家，朱德庸。

2011年，朱德庸的那本《大家都有病》的漫画作品一经出版，立即广受好评，畅销四方。他在自序中说：“我从2000年开始慢慢构思，到2005年开始慢慢动笔，前后经过了十年。这十年里，我看到亚洲国家的人们，先被贫穷毁坏一次，然后再被富裕毁坏另一次。我把这本书献给我的读者，并且邀请你和我一起，用你自己的方式，在这个时代里慢慢向前走。”

朱德庸总能用幽默机智的风格挖掘某一类型社会人的特质，

从而折射出一个时期乃至一个时代的问题。他说，这个时代对我们大家开了一场巨大的心灵玩笑：我们周围所有的东西都在增值，只有我们的人生悄悄贬值。世界一直往前奔跑，而我们大家紧追在后。他问，可不可以停下来喘口气，选择“自己”，而不是选择“大家”？可不可以不再为了追求速度，而丧失了我们的生活，和生长的本质？

这是一个只有教导如何成功，却鲜有启迪人们如何保有自我的时代。身处其中，好像很少有人能逃脱得了“陀螺”的命运：随着年龄的增长，肩膀上背负的未来越来越庞大，那个远在天边又好像近在眼前的不可预见的“幸福”越来越勾魂，抽打着陀螺不得不转下去。上帝为我们开启了一扇门，接下来便是蜂拥而至、急不可耐，谁都不愿落下。然而当门再次打开时，我们才清醒地意识到这只是个梦，自己原来是在电梯里。失望的人们一个个走出电梯，却把灵魂落在了那里上上下下。

既然我们有机会来到这多彩多姿的世界里，就应该像一个旅行家，不仅要跋山涉水，更要欣赏过程。或者，生活是一趟单程列车，那么必然需要中途休整，长途跋涉路过的一个个小站，就是为了让我们在那里加水、加煤、检修。放慢脚步，充分享受生命的过程，才能让心灵源源不断地被美丽所滋养。

慢步人生，并不等于散漫或消极，而是一种科学、乐观、进取的人生态度。我们无法让当今的世界慢下来，但却至少可以让自己行走的脚步慢一些，在快节奏的生活中找到一种可贵的快慢平衡，找到适合每一个人自身的节奏。

漫步人生，也不是懒惰和推诿，不是观望和游戏，更不是绝望地放弃自我，而是以一种更坚韧的姿态脚踏实地地前行，锲而不舍地创造。放慢脚步，就是让自己驻足在一个没有过去、没有将来，只有现在的地方。当我们停止疲于奔命的时候，就会发现生活中原来还有那么多从未注意过的美。

林语堂在《人生的盛宴》一书中对慢的真谛有过详细的阐释，他写道："能闲世人之所以忙者，方能忙世人之多闲。人莫乐于闲，非无所事事之谓也。闲则能读书，闲则能游名胜，闲则能交益友，闲则能饮酒，闲则能著书。天下之乐，孰大于是？"

这里的闲，想来更接近我们所说的慢，是和自己互相协调、融为一体的过程。那种从容和豁达，是了然于胸的沉着和冷静；那种通揽全局的视野和平衡生活的能力，更是一种对人生的真正思考。

诺贝尔文学奖得主鲁德亚德·吉卜林在送给即将前去参军的儿子的诗歌《如果》里写道："如果在众人六神无主时，你能镇定自若而不人云亦云，这并不是件容易做到的事情，但慢下来并不意味着你在偷懒。"这也是一种心性的磨练。

我们可以起个早去拥抱清晨，给天空加满油，给阳光买杯咖啡，去看场早上八点的电影；让时间如流水般柔软，不再时时刻刻都有棱有角，而是游刃有余地穿梭其中，和途中的每一片花瓣一样，充分享受阳光雨露，一步一步去丈量脚下的路。或许，那也是一种天堂，一个世界。

让身体和灵魂产生共振

两个好友见面，咖啡香溢，蓝调悠长。木兰和苏瑾，大学时的闺蜜了。

刚一落座，木兰便脱口而出：“我宁可下班后在公司呆的时间晚一些坐末班车回家，也真不愿意自己开车。”

话音未落，苏瑾左边的嘴角照例向上扬了扬，嗔笑道：“你还是那么文艺，或者干脆说矫情。让你天天挤公交车，你就不这么叫唤了。”

木兰也照例不服气，乜斜了一眼，好似“切”的一声。

矫情就矫情一回吧，就算被说成这样，可谁又能代替我的真实感受呢，木兰想。每天自己开车，身陷在庞大的“露天停车场”的车阵里，一边时时刻刻盯着表计算着迟到时间，一边“远看二百近看二十”地盯着旁边的车，别剐了蹭了——那叫一个焦躁和紧张。

就像木兰喜欢的作家王朔所说的一句话，北京人开车爱“编筐”，见缝就钻、左冲右突，一定要把别人甩在后面才算完事。

“编筐”，多形象，左赶右挤，密不透风。

如今，类似“北上广”这样的大都市越来越多，生活在其中的人们必须要身体和头脑都在路上，时刻保持高度集中的注意力，紧张地陷在车阵里，满眼所见全是各色车等。除了车，还有高耸入云的摩天大厦，仿佛愈发向你倾压过来。

木兰深深吸了一口气，缓缓呼出：多累！她想起一位美国朋友聊天时告诉她：“我绝对不敢在北京开车，北京司机的水平可以说是全世界最高的。在美国、欧洲的路上，基本上很少有超车、变道的车辆，都按部就班一辆跟着一辆往前走。”

所以，木兰喜欢偶尔放纵自己过一下慢生活，本来可以打车的时候，她却从来都是一等再等公交的末班车。她在微信朋友圈中说：“我就是不想快，想慢。”

为了生活，我们都在马不停蹄地奔波，即使在休息的时候，也会不由自主忧心忡忡地回到工作时的忙碌状态。我们都以为，快一点儿就能让生活变得更好，可约翰·列侬却说：“当我们正在为生活疲于奔命的时候，生活已经离我们而去。”

回想一下：你有多久没有注意过这个城市迷离而又璀璨的灯火映在车窗上的夜景了？你有多久没有就着夜色阑珊的灯火，在空荡的公共汽车上摇摇晃晃，心旌摇荡、心驰神往地想着山高水远、不可名状的梦了？在这种慢节奏的摇晃中，看见的是馨香四溢的生活，看见的是与我们一样的普通人的真实细节。而这些，又在当今怎样的频率中被一晃而过?

人生，常被比喻成一场马拉松，有经验的人都知道，起初跑得太快并不见得是件好事，因为没有足够的耐力撑到最后。马拉松的美并不在于用了多少时间跑了多少公里，获得了怎样的名次，而是过程的坚持和自我的挑战。正如村上春树所说："终点线只是一个记号而已，其实并没有什么意义，关键是这一路你是如何跑的。"

人生也是如此，慢慢跑，才能坚持更久，才能欣赏沿途更多的风景。

如果幸福只是一瞬间的绽放，而后的长久岁月只能用来凭吊，那么这样的人生又有什么质量呢? 三毛曾说："生活，是一种缓缓如夏日流水般的前进，我们不要焦急，我们三十岁的时候，不应该去急五十岁的事情，我们生的时候，不必去期望死的来临，这一切，总会来的。"

多数人的一生，不长却也不短，慢下来，别着急，不会影响你的事业和生活。反而，这是一种心境和体验，是一种随性、细致、从容应对世界的方式。不要等到孤单的时候才想起朋友，不要等到爱已逝去的"后来"才学会付出，不要等到失败了才记起他人的忠告，不要等到无力前行了才意识到生命的脆弱。

慢慢积蓄，慢慢释放，真正沉浸到生活中去，一丝一缕地去体味“如同中药和老汤，一个时辰一个时辰熬出来”之后沉淀析出的厚实。想来，一个人最好的状态应该是身体和灵魂达到了共振。因为，生活更美好的可能性，就在于缓缓经历的一步步、默默感知的一天天。

❈ 寻常的日子，寻常的人

大学毕业后，志宏去了离家几百里地的一座城市工作，只有逢年过节才能回一趟家。每次回去，他都尽可能地帮家里多干点活，以尽自己平时未能尽的孝心。

中秋节回家，志宏主动去帮母亲提水。看着母亲眼角露出的欣慰笑容，志宏觉得他自己长大了，必须更加努力工作，让母亲过上更好的生活。

两里地外的山上有一口压水井，志宏把水桶放在出水口下，用力按压，出水口的井水喷涌而出。不一会儿，两只水桶里便盛满了清澈的井水。

一路小心翼翼地把水桶挑回了家，母亲从厨房出来，看都没看一眼，便喊着："宏仔，你莫把水装得太满，满水不供家哩！"

志宏想着母亲可能是心疼自己，便满不在意地说："没事，我提得动！"

没想到，当他把两只水桶放到地上的时候才发现，原来满水的木桶现在少了一大截。

母亲这时才说："你看，你装得太满，以为能多打点水回来，但实际早就在路上泼湿了地面。"

志宏没有去理会桶里的水，而是疑惑不解地问："妈，'满水不供家'是什么意思？"

母亲说："水装得太满了，不就泼了吗？做什么事都是这样，不能太过头了。"

满水不供家，说起来更像是人生的道理。行色匆匆中，太多的人似乎只关注还有多少成绩没取得，还有多少工作没完成，还有多少指标没达成，还有多少先进没争取。他们把自己的人生设计得太满，也就有了更多的欲望，从而在愈加急速的赶路中无法停歇。要知道，欲望的产生永远比满足欲望的手段跑得更快，欲望的满足只存在于完成时的那一刻，尔后，人们就对它再也没有兴趣了。

花未全开月半圆。凡事不能过度地填满，正所谓物极必反，水满则溢。一味地追求和索取，实际上看到的只是脚下那一亩三分地，从没有把生命的旅程看得再远一些。最终只会如鸟翼系上了黄金一般，举步艰难。

著名台湾女作家龙应台说过，幸福就是，寻常的日子依旧，寻常的人儿依旧。幸福就是那一刻——每天早晨睁开眼，脑子里划过第一个人的画面，微笑便随之而来；幸福就是那一刻——鬓角斑白、后背微驼的亲人，还能自己走到街角买一锅豆腐脑两个烧饼回头叫你起床；幸福就是那一刻——在晚餐的灯光下，一家人围坐在一张桌子旁，年少的仍旧叽叽喳喳谈自己的学校，年老的仍旧唠唠叨叨谈自己的假牙；幸福就是那一刻——每次购物时，看到自己心仪的东西后，并没马上把它买下，而是犹豫再三后去买了他（她）需要的；幸福就是那一刻——一个寻常下午，和你同住一个小区的人打来电话平淡问道："我们正要去买菜，要不要帮你带点什么？"

在龙应台的书中，她说："幸福就是，你仍旧能看见，在长途巴士站的长凳上，一个婴儿抱着母亲丰满的乳房用力吸吮，眼睛闭着，睫毛长长地翘起。两个老人坐在水池边依偎着看金鱼，手牵着手。春天的木棉开出第一朵迫不及待的红花。清晨4点小鸟忍不住开始喧闹，一只鹅在薄冰上滑倒，冬天的阳光照在你微微仰起的脸上。"

生活中有很多司空见惯的微小细节，像一粒粒念珠，串在一起便成了生活的圆。岁月流走了秋冬，又流走了春夏，可总有一些恒久不变的感动：家人、同事、朋友；一声问候、两杯粗茶、三餐淡饭……我们又可曾细细品味？

几年前，网络上流传的一本点击量超过数百万次的日记让人们几乎在一夜之间就知晓了一个名字：于娟。她是复旦大学社会学系优秀青年教师，而那时，她也是一名晚期癌症患者。

“癌症是我人生的分水岭。别人看来我人生尽毁，其实我很奇怪为什么反而癌症这半年，除却病痛，自己居然如此容易快乐。我不是高僧，若不是这病患，自然放不下尘世。这场癌症却让我不得不放下一切。如此一来，索性简单了，索性真的很容易快乐。名利权情，没有一样不辛苦，却没有一样可以带去。”

只是，再怎么样充满才情，再怎么样努力奋斗，也没能拉住死神带走这个女子的脚步。2011年初春，于娟因乳腺癌晚期永远地离开了这个世界，只留下了一本“拿命写就”的书《此生未完成》。“我蛮希望很多人能够看到我的悲剧，然后去更改他们走向悲剧的这样一个方向，重新审视真正的生活是什么。”

蜡烛不能两头点，精力不可过分耗。在这个纷扰繁忙的世界里，做一个不要每天都与时间赛跑的人，不慌不忙，静心养性。留一段时间给自己，整理思绪，阅读学习，愉悦身心。心灯点亮的前提是自身必须要有灯捻，平安喜乐地品尝慢趣，充分感受生命的美好，这才是幸福的节奏。

梭罗曾说：“如果没有出生在世，我就无法听到踩在脚底的雪发出的吱吱声，无法闻到木材燃烧的香味，也无法看到人们眼中爱的光芒……能活在世间，是一件多么幸运的事！我为什么不尽情地享受生活的每一天？”

其实，一切“平常”都比“非常”要好。生活不需要惊天动地、轰轰烈烈，不需要灯红酒绿、五光十色；只需要寻常人家寻常日，微小温情真挚爱。

❈ 活得有趣比什么都重要

2013年，台湾乐团苏打绿发行了全新专辑《秋：故事》。在这张专辑里，苏打绿描述的是北京这座城市的印象：这是一个新旧交杂、中西兼并的奇异城市。

今天还看得见的胡同，明日就可能成为挖土机下的碎瓦。城市更迭着脚步，却也让人感叹着未拆解的记忆。远古的历史在最新的建筑中渐行渐远，人们在胡同中穿梭，却也在资讯里浮动。在找寻希望的同时，也承受可能失望的风险；在追求瑰丽的路上，也怀念朴实的存在。进步中的价值观，繁华中的桃花源，独处时的渴望又害怕，想念时的佯装又坚强。

这些也许就是我们现在的城市特色吧！多数上班族都过着朝九晚五的生活，这就好比棉花糖，看起来又蓬又大，稍微一张嘴，一大块就没了。如果再赶上个加班或饭局，一天基本上就结束了。人们的生活节奏越来越快，穿梭往来于浮生之中，就像一首流行歌曲中唱的那样，“为了生活，人们四处奔波。”

“你想体验一下登雪山涉大川闯大漠吗？”“探寻人类文

明之旅，遇见更美好的自己。”偶尔收到几封旅游网站发来的宣传邮件，也就只看个标题就匆匆删除了。其实，即使不能登雪山涉大川闯大漠，也可以找个春暖花开的时候赏花赏月赏秋香；或者，在午后一抹阳光的照耀下，看自己喜欢的书，听自己心仪的音乐，身边还有一只可爱又奇葩的喵星人陪伴，这样的时光不也是好的？每个人的心里都藏着一个蠢蠢欲动的小精灵，在某一角落上蹿下跳。

2013年情人节，一对“80后”夫妻经过几天自驾，终于从首都北京到了大理古城。前一年刚一入秋，夫妻俩便作出了一个重大决定：放弃在北京的生活，移居大理一年！本想着只是计划一次旅游，却成就了一场梦想照进现实的移居。用妻子的话说，“我们不是去做大事，不是去找商机，只想在一个依山傍水的地方隐居起来；去讨一个清静的日子、一口新鲜的空气、一壶雪水泡的香茶、一顿天然食材的饭菜。”

他们把自己的经历写成文字发在网上，文章中有这样一段话引起了成千上万网友的关注与羡慕：“在大理古城生活是我们一直的梦想。一个依山傍水的小镇，我们两个人，日出而作，日落而息。有纯净的空气、明艳的阳光、通透的天空、天然的水质，可以酿酒腌菜，困了就睡，闲了就喝茶读书，还有一条乖乖的大狗相伴。每天都去逛菜场，亲手做菜，研究不同的菜式……每一天，在喜欢的地方，重复做着喜欢的事情。这次，我们幸运地能在天时地利人和时，果断决定去过梦想已久的生活。”

他们说：“我们俩不远三千里，翻山越岭，不是去做大事，不是去挣大钱。我们的2013年，不要繁花似锦，只要健康、简单、快乐。”

在一个安静而有故事的城市，远离喧嚣，远离污染，与相爱之人种种菜、栽栽花、养养狗，这样平静闲逸的生活，谁不想呢？可是，又不是谁都可以做到的。说到底，还是放不下，停不住，舍不掉。其实，只要想清楚要过怎样的生活，这些并不需要特别的勇气。对未知世界的惶恐和担心可能每个人都会有，但那些懂得忙里偷闲的人更惧怕的，是一年如一年的麻木生活和年老后的追悔莫及。

佛家有句禅语说，智慧不一定就在前面，说不定就在身后，只要放松身心，随着自然的节拍，也能得到智慧。往往，人们只要一起步就停不下来，不懂得暂时地休息，不懂得体验生活的真正意义。其实也许就在回头的一瞬间，就发现了美的形象，乐的细节。

最好的生活应该是充满弹性的。美国著名心理咨询专家理查德·卡尔森在他的《让事情更简单》一书中建议：每天度个“迷你假”。“在上班时给自己一个短暂休憩的机会，不论你在这个

‘迷你假期’做些什么，都会对你大有益处的。那是你的特殊时间，如果可能的话，请让它变成生活中不可或缺的一种习惯。你或许想找朋友喝杯咖啡、吃顿午餐，清晨一起去散步，或一个人上网、跑步、看日出、遛狗、静坐冥想等，只要做任何能使你放松的事情即可。‘迷你假期’不仅能帮你减压，还是调整身心的重要枢纽。”

放松不是放任，也不是放弃。

放得下，撇得开，不苛求，不激进，反倒会让人多几分清醒、镇静和自信。无论是想踮着脚尖在木地板上舞蹈，还是想坐在敞开玻璃、风吹窗帘的窗台上看一下午的书，抑或骑着脚踏车、载着暖日和风去郊游，只要卸下一些“匆匆”，都可以。

人生不是赛跑，在这趟旅行中，每一步都有值得驻足欣赏的风景。“采菊东篱下，悠然见南山”是一种恬静和怡然；“山穷水尽疑无路，柳暗花明又一村”是一种惊奇和喜悦；“在天愿做比翼鸟，在地愿为连理枝”是一种温馨与甜蜜；“有酒学仙，无酒学佛”是一种淡然和随意。

自然界有忙闲的规律，春夏生机勃发，万物生长，到处燕舞蝶飞；秋冬收敛萧索，万物沉寂，处于休眠状态。人本身也是自然的一部分，也应在生命的里程中寻找生活中的情趣，享受生命中的静美。

❁ 好的生活就是且行且歌

你相信吗，一群海鸟会因为找不到“彼岸”，宁可死而不愿飞？

是的，这是被科学家证实了的：在茫茫无际的大西洋海域，时而能看到一个庞大的鸟群在浩瀚无垠的海面上空久久地盘旋，并不断发出震耳欲聋的鸣叫。更令人惊异的是，许多鸟在盘旋许久后，义无反顾地向茫茫海底冲去，不断激起了海面上的阵阵浪花。

这种现象被鸟类学家所关注，经过长期研究后发现，来自不同方向的候鸟，会在大西洋中的某一点汇合。就在海鸟葬身的地方，几百年前曾经是个小岛。对于来自世界各地的候鸟们来说，这个小岛是它们迁徙途中的一个落脚点，一个在浩瀚大海中不可缺少的“彼岸”。在它们极度疲倦的时候，可以在此栖息。

后来，在一次地震中，这个无名的小岛沉入大海，永远地消失了。

可是，对于迁徙途中的候鸟们来说，它们并不知道那个被淹没了的“彼岸”已经没有了，仍然一如既往地飞到这里，希望稍作休整，摆脱长途跋涉带来的疲惫，积蓄一下力量，从而开始新的征程。

可叹的是，茫茫大海上再也没有那个能给予候鸟希望的小岛。早已筋疲力尽的鸟儿们只能无奈地在“彼岸”上空盘旋、鸣叫，盼望着奇迹的出现。当它们把最后一次气力也耗尽的时候，彻底绝望的候鸟只能将自己的身躯化为汪洋大海中的点点白浪。

在紧张忙碌的生活中，在人生漫长的“迁徙”旅途中，每个人都有身心疲惫的时候，都需要有一个可以休养生息的地方。前行的脚步走多了，不妨让自己停一停，喘上一口气稍事休整，让心灵有个落脚的岸。不要像那些海鸟一样，非要等到自己筋疲力尽却找不到落脚地的时候，才意识到“彼岸”已经远去。那时，无论怎样后悔也都晚了，只能将自己的生命一头栽进物欲横流的海潮之中。

人生不是一桩紧急事故，根本没必要事事都严阵以待，更没有必要拼命地把它当成紧急事故去处理，求得一个结果。著名作家史铁生说过：“目的皆是虚无，人生只有一个实在的过程，只有重视了切切实实的过程，生命才能更为厚重，也不至于整天被目的的痛苦所束缚。”

在追求美好生活的道路上，奋斗是理所应当，而节奏和心态的调整更是不可或缺。周围的大环境越是紧张忙碌，就越需要一种定力，越应该学习怎样去放慢脚步，放松心灵。这就是现代社会中新近兴起的“慢生活”，是对健康、对生活珍视的一种理念。

这里的“慢”，并非速度上的绝对慢，而是一种意境，一种回归自然、轻松和谐的意境。放慢速度也不等于拖延时间，它只是要我们在生活中寻找到一个平衡点，享受人生的美好，享受树木、花朵、云霞、溪流、瀑布以及大自然的形形色色，享受艺术、旅行、读书等精神上的补给。就连诺贝尔文学奖获得者米兰·昆德拉都曾经疑问：“慢的乐趣怎么失传了呢？”他感慨道：“古时候闲荡的人到哪里去啦？民歌小调中游手好闲的英雄，漫游各地磨坊、在露天过夜的流浪汉，都到哪里去啦？他们随着乡间小道、草原、林间空地和大自然一起消失了吗？”从这些话语中，我们感受到了田园风光的秀美，也悟出了大自然对悠闲生活的重要。

在歌手梁咏琪的博客中，曾看到这样一段话：“生命就好像坐地铁，我会享受过程，也许本来要到一个站，还没到呢，突然想下车便下车。我乘飞机也总是很开心，即使很长路途，也不急于下飞机，我会沿途欣赏，结局也好，终点也好，反正都不急于知道。”

她是一个懂得如何优雅舒适的慢生活的女人，这样从容的心态使她有更多的时间去细细品味生活。你我也一样，以出世之心，做入世之事。哪怕任由思绪的音符在心底荡起团团柔和的涟漪，亦是一种卸载与放松。

比如，选择一些能引领你体验一种情感并带来心理安慰的音乐，全神贯注地倾听，让自己沉浸于怀旧温暖的感受中，释放身心。或者，尝试去做瑜伽、慢跑和伸展运动，不断收紧和放松你身体上的肌肉，直到感觉轻松。又如，哪怕你什么都不做，就那么静静地坐上几分钟，同时平缓地呼吸，在气息完全吸入和呼出时暂停片刻，以收束即将发散的心神。

总而言之，只要我们能秉持一颗顺其自然的心，屏蔽外在的嘈杂和喧嚣，远离利益的对比和争夺，便不会让心灵长途跋涉后找不到归去的“彼岸”。你我皆凡人，平凡人之平常心，事来就应，事走就松。正所谓闲看庭前花开花落，遥望天外云卷云舒。行走在路上的你，是时候该给自己的心灵找一个彼岸歇歇脚，且行且歌，其乐融融。

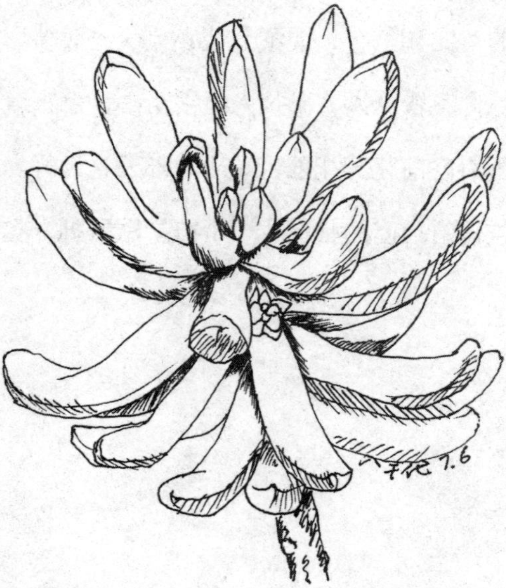
7.6

Chapter2
亲爱的，请爱你现在的时光

《午夜的沉默》里有段话："还年轻，不相信明天就是对自己的背叛。人要生活，就一定要有信仰。相信一切事物和一切时刻合理的内在联系，相信生活作为整体将永远延续下去，相信最近的东西和最远的东西。" 过去的已经过去了，未来在该来的时候就来了，爱你现在的时光，就是最好的活法。

❉ 少用推演的方式过生活

你有没有过这样的时候：工作日起晚了，不禁慌乱起来，“坏了！我一定会赶上堵车，要是迟到，老板肯定会对我不高兴，要是他气炸了，说不定会要我走人，万一我失业了，房屋贷款和一大堆等着支付的信用卡账单该怎么办？要是不能及时找到工作的话，不但信用破产，房子也会被查封。房子如果没了，我能住在哪儿？没钱又没地方可去，我一定会饥寒交迫，搞不好还会有更惨的横尸街头呢！而这些都是因为今天起晚了！”

或许你会觉得这样的“推演”未免夸张了些，但在我们实际生活中，类似这样的杯弓蛇影几乎每个人都曾有过。我们都在患得患失的期待中战战兢兢地过活，害怕今天所有的一切明天就会幻化成泡影，由此的恐惧也就油然而生。

就像这样一则故事中的主人公，看似夸张可笑，却足以让我们自省：

有个叫山姆的中年人这天下午路过法庭，看见一堆人把那儿围了个水泄不通，上前一问才知道，历时两个月的公审马上就要在这里开始宣判了。出于好奇，山姆也挤了进去，在后排的一个旁听席坐下。

庭审开始，只见被告身着西装，款式竟和山姆的衣服一模一样，他被指控故意伤人。控方的证据是被告具备作案时间，而被告辩护的理由则是案发当天下午他一直在家。只是，在近两个小时的法庭调查和辩论中，被告都未能拿出证据证明案发当天下午他在家而不在案发现场。结果，被告最后被宣判有罪。

这让坐在旁听席上的山姆大惊失色——这样一来，如果以后万一有什么事情和我有关，我又怎么能证明自己的清白？想到这里，山姆心里一抽，一股凉气从背后袭来。他连忙问坐在旁边的一位戴夹鼻眼镜的先生："请问先生叫什么名字？"对方回答说："我叫弗兰德。"山姆赶忙说明："我叫山姆，我想，你能证明我今天下午一直在法庭。"没想到弗兰德先生却说："对不起，我只能证明你现在在法庭，至于你跟我说话前是否在法庭，我不能证明。"这下，山姆更着急了："整个下午我都跟你坐在一起，我一步都没有离开过这个座位，你怎么不能证明呢？"刚刚走下审判台的法官看见两个人在纠缠，便走了过来。山姆三步并作两步地拦住了法官，说："我确确实实整个下午都在法庭，我一直坐在他的旁边。"法官说："你自己说了没用，你得有证人！有人证明你今天下午都在法庭吗？"山姆望着弗兰德，弗兰德摇摇头。法官说：“幸好还没有人指控你！”山姆惊出一身大汗。

出了法庭，山姆忧心忡忡地上了公共汽车，他拿着售票员撕给他的票问：“你这票能够证明我今天下午五点左右在你们车上吗？”售票员对于眼前这个人奇怪的发问不知所措，只能说：“我们的票只能证明你乘过我们的车，而不能证明你在什么时间乘的车。”山姆小心翼翼地把车票放进内衣口袋。临下车前，他问售票员：“请问小姐芳名？”售票员说：“我叫玛丽娜。”山姆指着自己的额头说：“我叫山姆。记住，我这儿有个刀疤。”

下了车，山姆连家门都没进，就直接奔向邻居家。他敲开邻居家的门，上来就突兀地说道：“你看见了，我现在进门了，你能证明我到了家，我在家里。”说完，山姆才喘了一口气回到自己家里，一头倒在沙发上睡着了。

由于神经过于紧张，山姆忽然从梦中惊醒，好像想起了什么，兴冲冲地打开门，又走到邻居家前：“你看到了，我在家里。”对方显然被山姆的行为惹烦了，冷冷地回答道：“我只能证明你两次敲过我家门的时候你在这里，至于其他时间你是否在家，请谅解，我不能证明。”

听到这样的回答，山姆急得在屋里乱转，忽然看到了床头柜上的电话机。他拨通了一个朋友的电话，说：“我打电话给你，是想让你证明我在家，万一将来有人指控我，你可以为我证明。”电话那边传来回声：“从来电显示看，你是在家。但我只能证明你给我打电话的时候你在家，至于不打电话的时候你是否在家，对不起，我不能证明。”

就这样，山姆不断敲邻居的门，不断打朋友的电话。夜深了，他躺在床上，想到法庭上那个被判有罪的人，发现自己竟和他一样，一直都是一个人生活，一直过着没有证人的生活，这是多么危险。万一以后有人指控他，他可能会跟那个被告一样，因为没有证人而被判有罪的。山姆越想越恐惧，他再也不能一个人生活了，他决定天一亮就立刻去找个证人来，和自己一起生活。

这看似像是荒诞小说的故事是想告诉我们：我们的很多忧虑都像山姆一样，是自己给自己添加的，我们经常因为莫须有的缘故而陷入恐慌。但凡稍作冷静就会发现，那不过是杞人忧天罢了。

《读者文摘》上有篇文章，对杞人忧天者的心理进行了绝妙的讽刺：“如此众多的令人忧虑的事情！有旧的，也有新的；有重大的，也有微小的，而富有想象力的忧虑者总有办法将路上的行人同远古时代联系起来。假如太阳燃尽了，一年四季可能完全成为黑夜吗？如果低温冷冻中的人再苏醒过来，他们还能活多久？如果一个人没有了小脚趾头，他能否在踢球中进球呢？”

《圣经》中写道："不要为生命忧虑吃什么、喝什么，为身体忧虑穿什么。生命不胜于饮食吗？身体不胜于衣裳吗？你们看那天上的飞鸟，也不种，也不收，也不积蓄在仓里，你们的天父尚且养活它。你们不比飞鸟贵重得多吗？你们哪一个能用思虑使寿数增加一刻呢？那又何必为衣裳而忧虑？就像野地里的百合花，你们看它是怎样生长，它也不劳苦，也不纺线，然而我告诉你们：就是所罗门极荣华的时候，他所穿戴的还不如这朵花呢！野地里的草今天还在，明天就丢进炉里，神还给它这样的装饰，何况你们呢！所以，不要为明天忧虑，因为明天自有明天的忧虑；一天的难处一天当就够了。"

过度的忧虑只能让渐渐老去的生命丢失掉本该属于我们的快乐与幸福，纵然再后悔再觉醒，也都无济于事。所以请记住这一点：无论你多么忧虑，哪怕让自己的一生都在忧虑中度过，也无法解决任何问题。那么，就让我们珍惜获得快乐的权利，带着笑容好好地生活吧！

❈ 亲爱的，请爱你现在的时光

“生命中有一个很奇妙的逻辑，如果你真的过好了每一天，明天还不错。如果你安安稳稳的做好大一学生应该做的事情，你的大四应该不错，可是你大一就开始做大四的事情，我想告诉你，你的大五会很糟糕。”

这是央视名嘴白岩松在给某高校大学生做演讲时所说的一段话，后来，他由此写了一篇文章，题目叫《爱你现在的时光》。其中有相当篇幅，写的是他的一位老大哥，史铁生：

“史铁生是我非常尊敬的一位老大哥，他曾经有这样一段话：当时四肢健全的时候，可以随地奔跑的时候，抱怨周围的环境如何糟糕，突然瘫痪了，坐在了轮椅上。坐在轮椅上的时候，抱怨我怎么坐在了轮椅上，不能行动了，怀念当初行走、可以奔跑的日子，他才知道那个时候多么的阳光灿烂。又过了几年，坐不踏实了，长褥疮，各种各样的问题开始出现，突然开始怀念前两年可以安稳地坐在轮椅上的时光，那么的不痛苦，那么的风清日朗。又过了几年，尿毒症，开始怀念当初有褥疮，但是依然可以坐在轮椅上的时光。又过一些年，要透析了，不断地透析，一天清醒的时间越来越少，还是怀念刚得尿毒症那会儿的时光。”

的确，史铁生曾说，生命中永远有一个“更”，还是珍惜现在最好。在那次高校演讲的最后，白岩松说：“爱你现在的时光，过去的已经过去了，较什么劲呢？未来的还没有来，你焦虑什么？如果我们要为未来忧虑的话，可能会有一辈子的机会，难道你会为了你的未来，一辈子的忧虑吗？”

试想，如果今天就是我们生命中的最后一天，又会如何呢？在热播韩剧《我叫金三顺》中，三顺抱着大包小包的东西，途经公交车站，一段广告词让她流下了眼泪：去爱吧，像从来没有受过伤一样；跳舞吧，像没有人欣赏一样；唱歌吧，像没有任何人聆听一样；工作吧，像不需要钱一样；生活吧，像今天是末日一样。

其实，我们完全没必要非等到生命中最后一天的时候，才去认识、去珍惜，也没必要等到回忆往昔时才觉得青春的美好、岁月的留情。就像《飘》里的女主角郝思嘉一样，在心烦意乱的时候总是对自己说：“现在我不要想这些烦恼的事情，等明天再说，毕竟，明天又是新的一天。”昨天成为过去，明天尚未到来，过好此刻才是最真实的。否则，此刻即将消失的时光，又上哪儿去找？

卡耐基说："再回头看一遍那些曾经无比困扰过我们的事，就会发现竟然没有一件不是琐碎的小事。"科学家曾对人们的忧虑进行过量化统计，结果发现，之前所有的忧虑之事，最后只有大约10%会变成现实。也就是说，人们往往付出了100%的忧虑，其中却有90%是无用功。怪不得有人说，真正的恐惧不是血肉横飞的画面，而是调动你的想象力，把你自己吓着了。

不要再流连于并不属于我们的时光，而忽视唯一拥有的此刻。每一个人的生命中的每一个当下都是独一无二的，它既不是过去的延续，也不是未来的承接。用心体验这一刻所拥有的，用心感受这一刻所度过的时光，我们便会感觉到自己的思想和情绪，从而因感受到自己的存在而快乐。

作家斯宾塞·约翰逊写过一本书，名叫《礼物》，讲述的是一位充满智慧的老人告诉孩子，世上有一个特别的礼物，可以让人生更成功更快乐，可这个礼物只有靠自己的力量才能找到。于是，这个孩子从童年到青年，用尽所有的办法四处找寻。只是奇怪的是，越拼命去找，他就感到越不快乐，那份他生命中的礼物自始至终也没有出现。终于，年轻人决定放弃，不再漫无目的地去追寻。然而就在这时他赫然发现，那份礼物原来一直在他的身边，这个人生中最好的礼物就是——"此刻"。

生活中，包括你我在内的许多人都在寻觅有形的"礼物"，却往往忽略自己早已拥有的无形的“此刻”。在这个充满不安和焦虑的时代，也许这份“礼物”更能帮助我们重新发现生活的真谛。

一位专栏女作家亲历了地震后，第一时间写了一篇生命感触：“地震的那一刻我问自己，如果生命这一刻就停止，我还有哪些人放不下？还有哪些心愿未了？那一刻，我的脑海里瞬间闪过一连串人，一连串事。就在我刚想和世界告别时，地震突然消失了。短短几十秒的时间，却仿佛让生命停顿在了那一刻。那一刻，震走了我所有的抱怨、不快和忙碌，让我突然对上苍充满了无限感恩，唯有感叹一句话：能活在当下，真好！”

的确，生命中最宝贵的，正是我们现在度过的时光。正如某奢侈品手表的广告词：at the moment，意为“尊享此刻”。时间的针脚一分一秒地在手腕上流走，悄无声息地带走了我们的青春、容颜和躯体，同时，它也滴答滴答地细数着生命中片刻的美丽。

让我们把生命中所有的感知全身心地投入到当下的每一个人、每一件事，生活于当下才是唯一真正的生活。过去已经逝去，留下来的只是记忆；未来还没有来到，虚幻出的只是想象。活在现在，就是活在永恒之中。

谨以阿根廷诗人博尔赫斯的一首《此刻》，与你共享：“如果我能够重新活一次，在下一生——我将试着，犯更多的错误，我不再设法做得这样完美，我将让自己多一点放松，我将变得更加愚蠢——比起我现在，事实上，我将认真地做更少的事，我将不那么讲卫生，我将冒更多的风险，我将更多去旅行，我将看更多的落日，我将爬更多的高山，我将在更多的河水中游泳，我将去更多地方——那些我没有去过的，我将吃更多的冰奶酪和更少的酸橙豆，我将问更多真实的问题——少问那些假想的。”

“就像那些人中间的一个，我会，谨慎而丰富地，活在我生命里的每一时刻，当然，我也会有许多欢乐的瞬间——可是，如果我能重新活着，我将试着只要那些好的瞬间。如果你不知道——怎样建造那样的生活，那就不要丢掉了现在！”

❈ 顺生而行，生命这样就好

“俞老师，我觉得人是有命的。他的命就是好，没办法，生在有钱人家里，什么资源都有，大学一毕业的时候就有大把的钱创业，而且天资聪明，一创业就成功。您说，我们这些人怎么比？”

这是新东方的一个学生给校长俞敏洪写的邮件，这是一个出身在农民家庭的外乡男孩，由于家里经济条件有限，营养达不到，所以从小就比同龄人矮一大截。后来一个偶然的机会得到一笔资助，上了大学，现在报名新东方，是想以后出国留学。可是，看着周围的同学们要么来自名校，要么出身富家，他心里时时不是滋味，甚至打起了退堂鼓。

收到这封邮件，俞敏洪沉静良久，他仿佛看到了一棵茁壮的小树苗因为担心环境和未来，而在风雨中摇摆不定的样子。仔细思考了半天，他认真地给这个男孩回了信：

“此时的你不需要太关注过去，也许现在看来很多表面上的东西的确是没法比的，但从长远的一辈子来看，它并不像你想象得那么重要。”

“每个人的潜力都是无限的，一个人拥有的资源多少并不能决定他一辈子的成功与否。很多最初并没有拥有多少资源的人，通过努力，最后都成为了拥有较多资源的佼佼者。比如马云，一个普通工人家庭的孩子，他的父亲是拉三轮车的；又比如我，和你一样，是一个普通农民家庭的孩子，我的父母都不识字。我们俩都不是天生有‘好命’的人，但到了今天，毫不夸张地说，我们都拥有了一部分不错的社会资源和企业资源。”

“所以说，不管今天的你所处的环境如何，不管今天的你身处何地，只要你心中真正有生命的热情，只要你相信努力、勤奋和正确目标的力量，你就一定会有美好的未来。”

独立写手卢思浩在《你要相信，没有到不了的明天》的文章中写道：“不管你现在是一个人走在异乡的街道上始终没有找到一丝归属感，还是你在跟朋友们一起吃饭开心地笑着的时候闪过一丝落寞；不管你现在是在图书馆里背着怎么也看不进去的英语单词，还是你现在迷茫地看不清未来的方向不知道要往哪走；不管你现在是在努力去实现梦想却没能拉近与梦想的距离，还是你已经慢慢地找不到自己的梦想了——你都要去相信，没有到不了的明天。”

的确，“我们总是在昨天狠狠绝望过一回，然后突然醒悟般地走向未来的生活。我们终究还是找到了，找到了微笑着走向明天的勇气。”

我们应该知道，在得到理想生活之前，必然要经历一段不太理想的日子，我们要学会接受并安度这段不太满意的时光。也许，直到50岁你才达到别人30岁的状况，但那又怎样，你是走一步学一步，一步一个脚印地追求。很有可能，最后你没能环游世界，也没能家喻户晓，但是，你可以将这些梦想寄托在那个叫做“明天”的未来，并且每一天都如期到底。

有人喜欢活在过去，为时过境迁唏嘘，有人喜欢幻想未来，为虚无缥缈伤神。但是，那些梦想实践者，除了养成梦想，更有一份额外的信心和坚持。他们从不夸夸其谈，二十岁时绝不为三十岁的事而焦虑，工作的时候从不奢望退休以后的生活。他们知道，按照自然的节奏踏实前行，时间一定会带来该来的一切。

一代文学才子沈从文也曾经历过那些看不到光亮的灰暗日子，但他说：“我不相信命运，不承认目前形势，却尊敬时间。我不大在乎生活上的得失，却了然时间对这个世界同我个人的严重意义。”时间会改变一切暗沉残酷，前提是我们没有放弃相信和努力。

未来的你必定成熟，也必定老去。别指望未来的你会理解现在的你，悔意难当几乎是个必然，今天的承诺也总是会在未来被成熟戏谑。那么，需要现在的勇气和信心去做的事情，试试又何妨？不要以“我已经来不及了”为借口，我们还可以跌倒，还可以犯错，还可以反悔，还可以重新出发。未来还没到来，一切都来得及，要相信，相信未来。

白岩松在自己的书中写过这样一段话：走到生命的哪一个阶段，都该喜欢那一段时光，完成那一阶段该完成的职责，顺生而行。不沉迷过去，不狂热地期待着未来，生命这样就好。不管正经历着怎样的挣扎与挑战，或许我们都只有一个选择：虽然痛苦，却依然要快乐，并相信未来。

人生的春天终究会来

那是一段尴尬的岁月：他是一个落魄的教授，如今早已不在大学教书。为了养家糊口，返聘到了一个闹市区的小学校。只不过人们还习惯性地喊他“教授”。

教授家住在老城区一个破落的院子里，已经没剩下什么值钱的物件，只有一个鸡窝也长了茅草——半个月前，家里唯一的一只鸡被送到街面上，换了三升米。教授养活着两个孩子，儿子8岁，女儿5岁，正是长身体要营养的时候。家里却常常因为一升米而难倒英雄汉。

与此形成鲜明对比的，是街道上店面最大的蛋糕房——老板的儿子正是教授的学生，每天有吃不完的鸡腿和烤肉。差距着实让人心里发酸。

眼看着中秋就要到了，早就从那些富户人家的门庭里传出用菜籽油炸月饼和点心的香味了，而教授还在为孩子们的肚子而发愁。

教授像其他的小学教员一样，每天都要去学校教书，到了月底结一次工资。此时刚过月中，距离发工资还有近半个月的时间，哪里来的钱去给孩子们买吃的？

这天，午间放学，所有学生都走光了，教授叫住了那个家里开蛋糕店的学生。

教师办公室里，四下无人，静得只有教授紧促的喘息声。“有件事，”教授终于张开了嘴，十分难为情地说，“我想请您帮个忙。”连他自己也没有想到，他竟然用了“您”。

学生尴尬而面带微笑地问：“老师，您别客气，您请讲。”

“是这样，你知道，我有两个孩子，儿子就像你这么大。我是说，他们很想吃你们家的蛋糕，可我这个月的工资还没有发，你看能不能我给你写个欠条，等工资发下来……”教授把头都快埋进了胸口，红着脸，像个犯了错的学生。

“就为这个呀，老师，您甭犯愁了，我回家取便是，您在这里等我”，说着，学生“噔噔噔”下楼去了。

在等学生回来的时候，墙上的钟表嘀嗒嘀嗒走着，教授感觉比10年的时间还要漫长。办公室里，他两眼泛红，一个八尺男儿，竟然为了孩子的口粮犯了愁。

楼梯间里，再次响起了“噔噔噔”的脚步声，学生怀抱着纸箱出现在他面前，满脸堆笑地说：“老师，给！”

那天，身为老师的他第一次夸了这个学生懂事——老实说，这并不是一个十分听话的好孩子。他心里暗暗骂着自己的虚伪，为了几口蛋糕，竟然口不对心！转念一想，他又不骂了，家里还有饿着肚子等他回家过节的孩子们。

他赶紧三步并作两步地往家走，街角处，与他熟识的花店老板拦住他，说今天是中秋节，送他一盆君子兰，让孩子新鲜新鲜。道谢后，他一手抱着一箱蛋糕，一手提着君子兰。刚一进家门，孩子们便像饿虎扑食一样把他围住，不到几分钟，蛋糕被儿女吃得还剩半箱。他看着，静静地喘着气，笑了。

还是女儿细心，送一块蛋糕到爸爸嘴边。他却说，学生请他吃过了，这些是学生送的，吃完后，还会有。

“可是，怎么能老让别人送呢？”女儿反问。

他支吾着，没有回答，忽地看见了那株君子兰。“孩子们，我们去把这束花种在院子里的空花盆里吧！”儿女欢呼着向门外走，儿子刨土，垫了一层老墙根的黑土做肥料，女儿为兰花浇了水。

一阵风吹过，翠绿的兰花叶子在风中摇曳。

女儿问他：“爸爸，兰花什么时候会开花啊？”

他愣了一下说，一年后，花就开了。

“可是，冬天马上就要到了，兰花会不会冻死？”儿子关切地问道。

他望着眼前的一对儿女和光景，哽咽着对孩子们说：“孩子们，一年后，兰花会开的。一年后，一切都会换了样子的。今后无论你们遇到怎样的困难，一定要坚持等一年，一年是足以让世界换了样子的……”

这是发生在30多年前的一个故事，故事中的教授如今已经满头白发。几年前，教授的外孙因为高考失利到他家旅游散心，教授给小外孙讲了上面的故事，并告诉他：“不要心急，孩子，一年后，花总会开的。”

大自然的春夏秋冬有序而轮回，孕育不同季节的生命，给予下一季节的希望。人生亦如四季，有春的播种与希望，有夏的热烈和奋斗，有秋的收获与温馨，也有冬的艰辛与困苦。悲喜交替，顺逆相伴，但它们都不是永恒的，终将都会过去。

人，其实都比想象中要坚强许多。在苦难的生命中，没有过不去的事，也没有跨不过去的坎儿；在人生的四季中，没有过不去的严冬，也没有盼不来的春天。

人生从来没有一帆风顺，关于挫折，关于失望，关于磨难，甚至关于死亡，我们可以选择憔悴或者鲜活，躲避或者静待；一切都还来得及，关键在于我们自己。一个丰满健全的人生不是不曾受伤，而是在伤痕累累中愈合并战胜，超越了痛苦，也就超越了自己。

在淡定的等待中，时间会洗刷掉所有的悲欢离合。因为：正如大自然有四季轮回，人生的春天终究会来，那时的花开，芬芳满园。

❁ 你就是你能拥有的全部

“我很困扰，会好起来吗？”

“嗯，会的，会好起来的。”

“是吗？像你一样。”

“谢谢。你越了解自己和了解自己要什么，你就越不会被困扰。”

“对。我只是不知道我应该干什么，你明白吗？我尝试写文章，但是我讨厌自己写出来的东西。我也试过拍照，但是拍出来的东西很普通。每个女孩都会经历玩摄影的阶段，比如照马，或者照你的笨脚趾。”

“你会开窍的，我可不担心你。继续写文章吧。”

“但我太平凡了。”

“平凡也不错。”

这是电影《迷失东京》中一段经典的对话，一个是年轻美丽的大学毕业生夏洛特，一个是正在遭遇中年危机的过气好莱坞影星鲍勃·哈里斯，两个迷失又孤独的人，在东京这座流光溢彩的大都市中相遇，彼此陪伴度过了生命中重要而又奇妙的几天。

鲍勃告诉夏洛特，越是了解自己的个性和需要，就越不容易被外界影响。“认识自己”向来都是人类最古老而又永恒的课题，从古希腊哲学家柏拉图提出的“人是用足走路的，无毛的动物”，到马克思用自然属性、社会属性来定义人；从古希腊石壁上的神谕“认识你自己”到叔本华的自问“我是谁”，人类早已有了认识自己的欲望。

无论是正在寻找自己在世界中位置的年轻人，抑或不再年轻，但也想要设法知道自己是否在正确的轨道上前行的其他人，你都需要认识你自己。认识自己可以让我们看到自我的价值，从而更好地认识世界，更好地规化自己的职业和生活，更清晰地知道“我要什么”。知道自己想要什么，也许并不能完全解除我们对生活的困惑，但兴许会减少人生旅途中遇到的许多迷茫，让我们不会轻易被外界影响，迷失自己。

认识自己的前提是了解，了解的前提是发现和接纳。很多时候，我们的忧虑和烦恼大都来自于两点：在自我设限的时间里，发现了自我的真实特征而无法接受；或者更“负做功”的是，根本没有发现真正的自己，而妄自菲薄。

这样的心理被奥地利心理学家阿德勒称为自卑。他认为每个人都不可避免地存有自卑感，只是程度不同而已。包括他自己，也有过这样的经历：阿德勒在上中学时曾一度不擅长数学，成绩从未上去过。在老师和同学的消极反馈下，强化了他数学低能的印象。直到有一天，他出乎意料地发现自己竟能做出一道连老师都感到棘手的题目，才成功地改变了对自己数学低能的认识。

在《自卑与超越》一书中，阿德勒首度表达了他富有创见的观点："人类的所有行为，都是出自于'自卑感'以及对于'自卑感'的克服和超越。"

实际上，在我们身边，有太多的人从来没有意识到这个问题。与能做到的相比，大多数人只发掘了10%的潜在能力，即使从身心两方面的总和来看，我们也只使用了很小的一部分，把自我封闭于体内极其有限的一小部分空间里。往往，我们具有连自己都不知道的各种各样的能力，却习惯性地不懂得怎么去利用。

你和我，我们都一样，也都有这样的能力。要知道，每一个人都是这个世界上全新的唯一，从开天辟地到现在，从来没有任何人完全跟你一样；而将来直到永远，也不可能再有一个完完全全像你的人。对此，我们应该尽量利用大自然所赋予的一切，不要再浪费任何时间去忧虑我们是不是其他的谁，充满自信地做好自己，唱自己的歌，画自己的画，做一个由我们的经验、环境和家庭所造就的独一无二的自己，这样绽放出来的美丽才拥有独特的魅力。

《圣经》里说：你在我眼里是宝贵的。是的，你很重要，你是宝贵的，你就是你能拥有的全部。你存在，才会感到整个世界的存在。你看得到阳光，才会感到整个世界看得到阳光。只有自己才能终身与你作伴。你就是自己的一切，认识自己很重要，你也是值得被自己所认识的。

英国著名演员、剧作家诺艾尔·科沃德曾经说过："我对这个世界相对而言无足轻重；另一方面，我对我自己却是举足轻重。我唯一必须一起工作、一起玩乐、一起受苦和一起享受的人就是我自己。我谨慎以对的不是他人的眼光，而是我自己的眼光。"

无独有偶，好莱坞知名导演山姆·伍德说，让他感到最头疼的事情就是每逢遇到一些年轻演员时，都要千方百计地启发他们，保持自己的本色，做自己最佳的角色。因为他知道，观众们最无法容忍的套路，恰恰是年轻演员们都愿意做的二流拉娜·透纳、二流克拉克·盖博。他的经验告诉他，最好的方法就是丢开那些装腔作势的家伙，要是你亦步亦趋、人云亦云，反而有画虎不成反类犬的坏效果。为此，山姆·伍德不得不持续不断地说："你们需要更新的东西。"

就像爱默生在他那篇《论自信》的散文里所说的："在每

一个人的教育过程之中，他一定会在某个时期发现，羡慕就是无知，模仿就是自杀。不论好坏，他必须保持本色。虽然在广袤的宇宙中有太多好东西，可是除非他耕作那一块给他的土地，否则他绝得不到好的收成。他所有的能力是自然界的一种新能力，除了他之外，没有人知道他能做出些什么，他能知道些什么，而这都是他必须自己去尝试求取的。”

我们每一个人都应该有勇气对自己说：我很重要。即使地位再卑微，身份再渺小，也丝毫不该影响到我们对自己的认识。重要并不是伟大的同义词，它是心灵对生命的允诺。所以说，保持一生独特魅力的方法，只有找到自己，消除自卑和忧虑，然后才会拥有由内而外笃定而自信的美。

❁ 成为自己才能真正地去爱

网络上盛传一则挺有意思的小故事，叫《缺失的一角》。

一个小圆球不小心被碰掉了一块，它变得不再完美，这让它感到很自卑，一心想找回那缺失的一角。因为残缺，小圆球滚动起来非常缓慢，一路上，它与鲜花为伴，与昆虫为伍，问它们是否见过自己缺失的那部分。其间，它也找到过很多零碎的角，但都跟自己不匹配。

即使这样，小圆球也并不气馁，它想，自己本来就应该是完美的，缺了那一角就成不了圆球了，就不是自己了。为了寻找到丢失的碎片，变回完整的自己，小圆球不辞辛苦地不停滚动。终于，功夫不负有心人，在一个阳光灿烂的日子，小圆球在一片草丛中找到了自己的那块碎片，重新成为了一个完美无缺的球。

但这一回，过于圆满的它滚得太快了，以至于没有时间再关心身边发生的一切，看不清周围美丽的花海，听不到虫儿的呢喃，感觉不到生活的美好。小圆球忽然觉得自己不像以前那样快乐了，整天郁郁寡欢。意识到这一点，小圆球毅然丢掉了那块历经千辛万苦才找到的碎片，它又可以停停走走、欣赏自然的情趣了。

事事苛求完美，实际上就是在难为自己。当一切都完美无缺，再没有任何可以修补的地方时，也就无法体会到缺失的魅力和暂停的乐趣了。

生活中本来就没有什么是“必须”的，所有的“应该”和“必须”都只能让我们陷在永不满足、自怨自艾的恶性循环中。唯有从完美的画地为牢中挣脱出来，才能成为一个自然的人，流露出自己真实的一面，不伪装，不掩饰，从容地面对生活。要知道，坚强也好、脆弱也罢，都是人性中固有的一部分。反倒是刻意压抑着自然而然的流露，只会徒增烦躁，无益于身心。

心灵养成大师张德芬说过：“凡是你抗拒的，都会持续。因为当你抗拒某件事情或是某种情绪时，你会聚焦在那情绪或事件上，这样就赋予了它更多的能量，它就变得更强大了。这些负面的情绪就像黑暗一样，你驱不走它们。唯一可以做的，就是带进光来。光出现了，黑暗就消融了，这是千古不变的定律。喜悦，是消融负面情绪最好的光。”

如果一直怀疑自己、否定自己，那么生活中的一切也会受到负面的影响。所以说，一个人快乐与否，全完取决于他对待生活和自己的态度。当一个人能够从根本上接纳自己、喜欢自己时，他离幸福就不远了。这样看来，我们不一定非要刻意地去追求完美，甚至可以说，正因为有了不完美，才有了追寻的方向，有了努力的动力，有了生活的意义。

或许，每个人心里在不同时期都有某种声音，它时刻准备抓住我们的失误和弱点，然后做出严厉的批评，让我们背负痛苦的情绪，对自己感到失望，摧毁自信。假若能抛开这个声音，完全地接受自己，认为自己是值得爱的、有用的、乐观的，那么不管自己有多少缺陷，曾经犯过多少错误，都可以平静坦然地接受，没有丝毫抵触与怨恨地面对。

他是哈佛大学组织行为学博士，是哈佛三名优秀生之一，被派往剑桥进行交换学习。在任教于哈佛大学心理学系和商学院时。其“积极心理学”课程，即所谓“幸福课”，选课人数超过哈佛大学历史上任何一位教授，被誉为“最受欢迎的教授”“人生导师”。

他还为通用电气、IBM等世界500强企业的领袖及高层管理者培训，获得极高评价；因其课程具有很高的实用性和可操作性，被誉为“摸得着幸福”的心理课程。

他，就是全美课酬最贵的积极心理学大师——沙哈尔。就是这样一位在世人眼中如此“完美”的人，在面对私人访谈的镜头时，没有激情澎湃，没有口若悬河，却是一副害羞腼腆的样子。

他看上去那么平和而又冷静，甚至坦言道：“我曾经不快乐了三十年。”

当被问及这几十年来的经验时，沙哈尔只回答了简简单单四个字：接受自己。他说：“我没有因为自己是专家就要求自己必须‘像’专家，也不会因为腼腆害羞而自责，更不会为紧张而焦虑。面对这些具体而细微的心理情况时，我只会告诉自己，接受紧张，OK，Go ahead！”

沙哈尔特别提到自己被外派英国培训三个月的经历，他承认自己那时一直很紧张，因为在一个新的文化环境里找不到自己的未来。他曾经希望自己像某个同事一样富有感染力，幽默洒脱，他还刻意花费心思去学习幽默模式，但事实上，这种行为和感觉让他感觉并不好，一切都做作得那么蹩脚。后来，很多人在不经意间向他透露，更喜欢他本真的样子。于是，他又做回了自己，还惊喜地发现，他比以前轻松许多。

沙哈尔的情形几乎我们每个人都遇到过，只是多数人还没有意识到，全然接受自己、接纳自己的不完美，是可以解决很多心理问题的。往往，我们总担心没有时间没有机会再去改变什么，非要把自己逼到一点瑕疵都没有的境地上，过于关注自己的缺陷和不足，以至于眼里只有它，而全然忘记了自己还有可以发挥的优势。

生命中充满了奇迹，不管是谁，都有创造奇迹的机会。但成功和创造的前提是，你要成为你自己。如此，才能看到这个世界的更多美好和光明，才能体味到生活的愉快，才能真正地去爱，去创造生命的无限可能。

Chapter3

人生没有错过，一切都刚刚好

你曾经以为不会坚持的，不会努力的，就在你咬咬牙之后的几年，突然全部实现了；你曾经受过的伤，流过的泪，你以为不会好的痛，就在“有一天”，突然就都痊愈了。你不知道的答案，时间会告诉你。慢慢走吧，不管现在是暂停还是奔跑，你只要知道，生活向前，从未错过。

前面的路，永无止境

漫漫人生路，走过一程，路过一段，怀揣着“不要错过”的美好愿景，但又有谁能保证没有一点遗憾呢？我们可以慨叹那是生命的残缺，但当一个人静静的沉思时，往昔的点点滴滴，回放的微缩镜头，一个个温情四溢的幸福画面，在脑海闪现，只要用心体会过的人都能明白，虽然逝去，但那些恍如隔世的经历同样会把自己紧紧包围。

其实人生的意义，过程比结果更重要，我们谁也无法预知结果，而过程，就是我们人生一世，走过和拥有的财富。

曾经有一位企业家告诉他，如果想创业，最好在35岁之前开始。因为那时还满怀梦想、身强力壮，更重要的是，你输得起，失败越早，东山再起的机会也就越多。

企业家只说了故事的开头，却没告诉他结局。

终点是35岁，那么他的起点呢？这对于即将大学毕业的他而言，的确是个不小的困扰。最终，他选择先找一份工作，借助大公司的平台提升个人素养，积累工作经验，拓展人脉，为今后创业打基础。

然而六年后，他的选择变了。他在“工作进展得非常顺利”的繁荣中感受到了一种危机。有时候，人的想法是会改变的。大学刚毕业那会儿，他只想找份工作，升职加薪，求个安稳就好。但随着年龄的增长、经历的增多，他开始想放弃眼前的安稳，寻找更能实现自我价值的事情。

这时，一位曾经的合作伙伴向他推荐了一个新的创业项目。这个或许能让他发挥最大能量的项目，充满着极大诱惑，也纠结了许多担心：任何事情都是机遇与风险并存。加入创业公司，意味着放弃安逸的物质生活，卸下曾经拥有的光环，失去一些合作伙伴，离开现有的团队，踏上一条未知的旅程。

他反复考虑了很久，征求了几位朋友的意见，忽然发现，他担心的无非是这家公司失败了怎么办？而实际上，这对他来说是一桩只赚不赔的买卖。底线清楚了，思路也就清晰了。于是，在他工作的第六个年头，他决定从零开始，下海创业。

如今，他的新公司已经运行了一年多，进展顺利，业绩表现甚好。虽然每天仍然会遇到新问题，但他一点也不着急，他有把握，凭借团队的力量，这些问题很快都会迎刃而解的。这是他对团队的信任，也是对自己的信心。

后来，他在朋友聚会时聊起这次而立之年的转变，颇有感触地说："在30岁左右的年纪选择转换跑道，与其说是换了一份工作，不如说是换了一种生活方式。这条路没有对错，没有公式；没人逼你做错误的事，却也没人告诉你什么是正确的事。"

选择的过程，本身就是一种成长和经历。人生的每一笔经历，都在书写着你的简历。本以为微不足道的事情，回头看的时候，都有着无法细数的刻度。土耳其作家奥尔罕·帕慕克就说过："其实任何人，在经历时，都不会知道自己正在经历一生中最幸福的时刻。"更直白地说，幸福不仅仅在于拥有什么，更在于经历着什么。

人的生命在自然界中真的如惊鸿一瞥般短暂，而在这短暂的人生旅途中，我们都在书写着自己的人生故事，或感动，或忧伤，或喜悦，或平淡。经历的每一件事，都是我们情感的渲染，经验的总结。当有一天我们老得不能动弹的时候，回首往事便会发现，经历，就是我们走过一世的印证和财富。

正如普希金的那首诗中所写："假如生活欺骗了你，不要悲伤，不要心急！忧郁的日子里需要镇静；相信吧，快乐的日子将会来临。心儿永远向往着未来，现在却常是忧郁；一切都是瞬息，一切都将会过去；而那过去了的，就会成为亲切的怀恋。"

也许现在的你想要对十年后的自己大声呼喊，要幸福啊；或者，你会沉静，会低头默念，想要祝福现在的你，要快乐啊。但是这些都不再重要，生活是向前看的，选择没有对错，只是一场经历；过去的是沉淀，未来的，也还来得及。

想要去哪儿，要看哪些风景，要怎样的生活，要成为怎样的人，要不要继续坚持，要不要就此放弃……你不知道的答案，时间会告诉你。终有一天你会明白，忧伤不适合你，你只需要简单的快乐；有一天你会清楚，安静才是你的归属，喧嚣只会让你烦恼；有一天你会看到，西藏的纯净，云南的安然，台湾的别样。有一天你会感谢，时间的治愈和它优秀的设计。

慢慢走吧，不管现在是停留还是奔跑，只要知道，此时的对错并非固定，不念过去，不畏将来，前面的路，永无止境。

意义从来都是一种秘密

林语堂先生说过一句话："不管在什么情况下，'意义'都是一种秘密。"

有一部叫做《保住面子》的英国广播公司情景剧，讲述了一个挺有意思的故事：巴凯特，一个中产家庭主妇，眼睛总是盯着对门邻居家的生活，只要邻居家有了新的进项，获了新的荣誉，她心里就觉得别扭，好像自己整个生活都失去了重心，变得毫无意义。没过多久，这个对门搬走了，新来的邻居没有之前那么幸运，整天病魔缠身，还总是倒霉散财。这样一来，巴凯特又觉得自己的生活很幸福了，生命的意义仿佛一下子又回来了。

与富裕的邻居相比，巴凯特总觉得自己的生活不幸福，没有丝毫意义；然而，当她看到身边尽是又生病又破财的邻居时，她又觉得自己很幸福。其实我们都知道，巴凯特的境遇从始至终没有发生任何变化，不一样的只是比较的对象，和内心的感受罢了。

在"意义"二字上纠缠不放，无异于在心里给自己系上了一个结，散解不开。说到底，意义终归是人为赋予的主观意识，是极其私人化的概念，又怎能当成放之四海皆准的标尺呢？要知道，不是每一件事都要有意义，更不是每一个意义都要有一个参照系。比如，活出真我风采，是人生意义？或者坐拥财富之城，是人生意义？抑或阅人无数、行路万里，才是人生意义？好像都是，好像又都不是。

穷是过，富也是过；顺境一时，逆境也一时；辉煌是一生，黯淡也是一生；乐观一世，悲观也是一世……活着就是好好活着，没必要强加进一个意义徒增压力，自己跟自己较劲。从容、达观、随性，不激进，不强求；如此，人生自有芬芳自是春。

这些，又和意义何干？

意义，有时是一道虚假的反光，顺着它指引的方向走，反倒南辕北辙，越走越远。意义可以事后贴金，也可以是总结报告里的贺词，但不储存于清醒、睿智的头脑当中。因为，每个人都有自己的生活方式与态度，都有自己的评价标准。我们可以参照别人的方式、方法、态度来确定自己的行动方略，但万不可生活在别人的目光下。一个活在别人标准和眼光中的人，往往只能在比对中或得意或失落，而从来都不曾体会过展现自我的快乐。

郎朗成功了，有人以为他就是自己的意义所在。于是，在黑白琴键上疯狂地透支生命，最终收效甚微、迷失方向，落得一场得不偿失的人生悔悟。韩寒写作成功、丁俊晖举杆成名、李娜挥拍耀世、旭日阳刚一唱圆梦……每一个成功者的背影里总有一群寻梦者的追随，并且认定这才是最有意义的。

人生有意义，成功有捷径。然而可叹可悲的是，在跟随的道路上，天才创造了惊世奇迹，庸才制造了惊世堵塞。终归是那句：成功不是嫁接，意义并非硬套，不是每件事都非要有意义不可。

很多时候，我们内心的满足来自于别人目光折射回来的色彩基调：别人羡慕我们，自己就感到很满足；别人觉得她们自己很幸福，我们就会拿自己的生活与之相比。将自己的生活放置在别人的标准和意义中，漫漫人生一路走来，该是怎样的悲哀和痛苦。当我们总是把“别人的意义”作为终极目标时，就会陷入物欲设下的圈套。如同童话里的红舞鞋，漂亮、妖艳而充满诱惑，可一旦穿上，就再也脱不下来。我们疯狂地转动舞步，一刻不停，尽管内心充满疲惫和厌倦，但脸上依然还要挂出幸福的微笑。当我们在众人的喝彩声中终于以一个优美的姿势为人生画上句号时，才发觉这一路的风光和掌声，带来的竟然只是说不出的空虚和疲惫。

意义就像旅行的目的地，真正培养游兴的不是目的地的抵达，而是沿途欣赏风景、体验风土人情的经历。过程中有了喜怒哀乐，结果满不满意，便都不会抹杀掉曾经的美妙，影响涤荡心灵的“意义”。

一个师范大学大四的男孩，历时半个月，行程3700多公里，搭了25辆顺风车，从南京回到乌鲁木齐的家。他的浪漫与风险相随的壮举，在网络上飞溅起无数浪花。有人将此上升为“检测中国人信任感的行为艺术”。面对这样的高度，他回应说：“不是每件事都非要有意义。”与其说这是行为艺术，不如说这是振聋发聩的至理凡言。

周国平在《灵魂只能独行》中写过：“灵魂永远只能独行，即使两人相爱，他们的灵魂也无法同行。世间最动人的爱不仅仅是一颗独行的灵魂与另一颗独行的灵魂之间最深切的呼唤与应答。灵魂的行走，只有一个目标，就是寻找上帝。灵魂之所以只能独行，是因为每一个人只有自己寻找，才能找到他的上帝。”

是的，即使“走遍了全世界，也不过是想找一条走向内心的路。”幸福如人饮水，冷暖自知。你不是我，怎知我走过的路，看过的风景，和心中的苦与乐。站在山上放眼眺望山河的行者，背着一个行囊走走停停，让自然的风光洗刷掉内心的阴霾，那是他的快意人生；山间汗流浃背的挑夫，趁着歇息的功夫，拿草帽当扇，饮一口小酒，吃几粒花生，那是他的悠然自得。生活就像鞋子，别人眼里看到的永远只是款式和颜色，舒不舒服，只有脚最清楚。

看看大自然中的一切我们便会明白，真实导向美丽，经历成就意义。一泓静谧的湖泊，没有飞流直下的气势，也鲜有辽阔无垠的广域，却仍旧安然地守望着一方幽蓝；一朵洁白的云彩，没有太阳的耀眼光芒，也没有彩虹的灿烂色彩，却依然自在地飘游着一片纯净。有的鼎沸，有的安详；有的华丽，有的淡雅。人生如是，不必预先设置那些外在的意义，顺其自然，浑然天成，便是对心灵最诚实的交代，便没有错过属于你的一生。

❈ 温柔要有，但不是妥协

才女林徽因说："温柔要有，但不是妥协；我们要在安静中，不慌不忙地坚强。"

作为一个马上"奔三"的女孩，没有稳定的职业，没有爱恋的家庭，很多时候会受到周围人各种各样的眼神和指责，她自然也不例外。女孩子一大，那些无穷无尽的"应该"就劈头盖脸地围在她身边："你应该有个稳定的职业，你应该结婚了，你应该在家相夫教子……"对此，她唯一的回应是：这一切本身并没有错，如果不加上那么多的应该。

曾经，因为拒绝父母托关系、找熟人争取到的高收入的事业单位"金饭碗"，拒绝有车有房可以结婚的"经济适用男"，毅然决然想走出去看看，而和父母吵得不可开交。那时候的她身心俱疲，想不明白为什么想过自己的生活就那么难，为什么想要争取自己的梦想就被说成是大逆不道。她只是想去追寻自己的内心，为什么会有那么多的指责甚至排挤？

好在，她终究是走了出去，两年的时间里，有一年都游走在世界的不同角落，体验不同的生活，经历不同的人和事。她越发肯定地告诉自己，只是不愿做世俗眼光下的牺牲品，只是想要自己的自由，没有错。

回来后，她在自己的博客上写道："究竟什么样的人生才有价值，我想了很多年，终于明白，就是实现一个梦想，一生，实现一个梦想就足够了，即使明天真是世界末日，你也会微笑迎接最后一抹朝阳，并且毫无遗憾地微笑着死去。"

走出去又走回来的人都说，在路上不是目的，它只是人生的一个起点。就像卢梭所说，不是爱情，不是金钱，不是名誉，不是公平……请给我真理。我们应该有勇气去面对真实的内心，即使前面荆棘满地，也不要妥协；走下去，直至找到未知的自己。

人生总有蒙尘的时候，生命中不可能每一天都是通透晶莹的。谁都想拥有属于自己的清透，谁都想拥有至纯至善的岁月。然而，当尘埃在我们的生命中沉落点点滴滴时，当岁月蒙上一层细细的微尘时，请记得，要学会微笑着轻轻拭去，然后还岁月于清透。

13个月的间隔年后，他从玻利维亚高原回来。侯叶轩，名牌大学法学系的优秀毕业生，不到25岁就已经就职于四大律所之一，而且还是骨干，在一片有为青年圈里也属于"不差钱儿"的。然而他却说，"在上学和上班之后还想过另一种生活"，于是，有了那次“A trip without a return ticket”的旅行。

在侯叶轩的旅行日记中，他写道：“真的出了门儿，每天都有不同的风景不同的食物不同的床不同的神人和动物走进你的生活，你觉得‘平平淡淡才是真’是骗人的，精精彩彩同样真实而美好。当你不再是商品的时候，你的心变得敏感，你脑子里缺的弦儿身上少的筋都连上了，每天的生活满是感慨、赞叹、梦和梦的实现。你开始匪夷所思的热爱生活，热爱世界，热爱一切可以热爱的东西。你想从此四海为家，走遍地球的每个角落，你彻底跳出了几乎一切的束缚。”

就这样满载着各种欢愉，在度过了人生中最美好的13个月后，叶轩回到了家。可慢慢的，他发现回来的生活里开始有了各种落差：缺少互动和体验的交流，费解异类的眼神，以及朋友中月收入比他多一个零的不在少数。他用13个月时间拥抱世界所获得的平和以及新的价值观开始流失和动摇，他似乎还没走回来。但是他想，当初就是不想让不喜欢的事业和生活状态再继续霸占自己的肉体和灵魂，抛弃不喜欢，选择喜欢的，毕竟还是很符合逻辑的。

最终，他写下了这样一段话：“在五千块和五万块之间，在平均每天工作2、3个小时和8–24小时之间，在朝不保夕的小自由职业者和金领之间，在偶尔可以不插电生活和时时被黑莓电脑手机纠缠之间，在爷爷留下的旧羽绒服和阿玛尼之间，在随时可以抬屁股就走的自由身和看老板眼色之间，在做自己和做别人眼中的自己之间，在心灵的家园和俗世中的位置之间，在少数人懂你和多数人懂你之间……这样的选择可以很困难，也可以简单到不能算选择，这要看谁是那个做选择的人。我个人觉得值得尝试，人活一辈子，怎么也得体验一把什么叫‘铺天盖地的自由’吧？”

我们每个人的人生都是不同的棋盘，没有人可以把每一盘棋都下好，也没有人能准确地知道他人棋盘的样子。在棋盘上，往往是旁观者清；而在生命的长路中，却是只有自己知道。个体的体验都是私人化的，只有一点不变：所有的经历都是为了找到那个最真实的自我，不必悲壮上路，可以不慌不忙，却一定要坚持不懈，不可复制。

不要在意别人的评判和议论，因为这些言语除了可能扰乱你的心之外，再无其他益处。理解你的人，不需要解释；不理解你的人，多说无用。每个季节都有它的故事，亦如每个人都有自己的人生。别让过去的悲催或者未来的忧虑，毁掉当下的快乐。总有一段路需要一个人走，那就勇敢地漫步，找寻最真实的自己，和最真实的生活。

爱过，痛过，活过

在青春的路口，曾经有那么一条路若隐若现，召呼着我。

母亲拦着我："那条路走不得。"

我不信。

"我是从那条路走过来的，你有什么不信呢？"

"既然你能从那条路走过来，我为什么不能？"

"我不想让你走弯路。"

"但是我喜欢，我也不怕"

母亲心疼地看了我好久，然后叹口气："好吧！你这个倔强的孩子，那条路很难走，一路小心！"

上路后，我发现母亲没有骗我，那条路确实是条弯路，我碰壁，摔跟头，有时碰得头破血流。但我不停地走，终于走过来了。

坐下来喘息的时候，我看到了一个朋友，自然很年轻，正站在我当年的路口，我忍不住喊："那条路走不得！"

她不信。

“我母亲就是从那条路走过来的，我也是。”

“既然你们都可以走过来，我为什么不能？”

“我不想让你走同样的弯路。”

“但是我喜欢！”

我看了看她，看了看自己，然后笑了：“一路小心。”

我很感激她，她让我发现了自己不再年轻，已经开始扮演“过来人”的角色。同时患有“过来人”常患的“拦路癖”。

在人生的路上，有一条路每个人都非走不可。那就是年轻时候的弯路，不摔跟头，不碰壁，不碰个头破血流，怎能炼出钢筋铁骨，怎么才能长大呢？

以上这段文字，是节选自一代才女张爱玲的一篇文章，题目就叫《非走不可的弯路》。在成长的路途中，总有一些好心人提醒我们，劝说我们，那条路行不通，要走这边。但张爱玲用她灵动的笔和易感的心告诉世人，“有一条路每个人非走不可，那是年轻时候的弯路。”

在世人印象中，弯路并不招人喜欢，往往弯路前面还会竖立起“前方弯路，请小心驾驶”的提示牌。然而，大自然中的万物存在必然蕴含着另一番道理：你是否注意过，溪水从来都不是一路笔直而下，总是弯弯曲曲？它一路欢歌流淌，沿着它奔跑的方向，留下了动人的图景；你是否注意到，上山的小路从来都不是一马平川而是蜿蜒曲折？它如蟒蛇一般缠绕在山间，因势而动，给人以惊心动魄的震撼。

自然界中没有一通到底的顺畅，往往蜿蜒盘旋之处才有落英缤纷之景。人们似乎也逐渐从大自然中汲取到了一些“人生养分”：一位学交通管理的朋友说，在设计高速公路时，并非笔直如射线的道路就是可取的，有时候某段路太直了，还必须要人为地拐点弯。这段人为设计的弯路，姑且就叫“必要的弯路”。这是因为，太过笔直的路会导致人们习惯性地加速再加速，放松意识，从而频发交通事故，反倒是欲速则不达了。在高速公路上人为地设计出一些弯路，就是要告诉司机，高速路不会是一路畅通到底，也有弯道，头脑中始终须要绷紧安全的弦，谨慎驾驶，从而有效降低事故风险。

每一程的人生里都有一条弯路，珍惜每一次转弯，它是年少时的胆大妄为，记录着我们成长的印迹；它是学生时代的贪玩本性，用成绩单上的红色数字警示我们；它是长大后的暂时失败，把经验铭刻于我们的心底；它是我们走出坎坷、奋然前进的动力，重新将人生引上正确的航线。

也许，的确还有更好的路，但事前却真的很难判断哪一条路是最优的。我们能做到的，就是把一条路走透了，走深了，在深入的过程中总会有意想不到的收获。哪有什么一步到位的梦想，若是没有弯路的“徒劳”，我们又怎么能辨别出正确的方向？哪怕一时间你感到什么都失去的时候，也请记住，“我已经爱过，恨过，欢笑过，哭泣过，体味过，彻悟过……只要我认真地活过，无愧地付出过，人们将无权耻笑我是入不敷出的傻瓜，也不必用他的尺度来衡量我的值得或者不值得。”

所以，对于前途中那些未知的弯路，因为它的“必须”，也就不必胆战心惊、踯躅不前。弯路上的峰回路转，曲折时的曲径通幽，都无时无刻不在提醒着人们失望与希望的辩证。在一片云淡风轻中，各处景色尽收眼底，每一处都有其独特的美丽。

周末，她和朋友一起去郊外爬山。山并不高，却十分陡峭。上山的路有两条，一条是盘山公路，从山脚蜿蜒到山顶；另一条是笔直的云梯，比盘山公路少了多一半的路程。

山脚下，她和朋友选择了两条路：她走云梯，朋友走盘山公路，约定好在山顶会合。出发时，她还暗自埋怨朋友犯傻，有近道不走，偏要绕弯路。

沿着云梯，她一阶一阶地向山顶赶去，一路上，两旁除了杂草就是参天大树，头顶上的天被遮住得只有巴掌大。路倒是很直，没一会儿工夫她就爬到了山顶。

半个小时后，朋友不急不缓地上来了，见她在凉亭坐着，一步上去便说：“太可惜了，你没和我走盘山公路！这一路上，东面是楼群林立的市区，南面有如镜般的湖泊，北面，一望无际的金黄麦地简直太迷人了……看着这些，我的心情越来越辽阔，越来越欢快。”

她不以为然地听着，那条路上真的能看到那么多美丽的风景吗？她决定下山时和朋友一起走盘山公路。

果然，下山时，天高气爽，城市、田野、山村、河流，尽收眼底，每一处都有独特的美丽让人流连。她这才感受到，爬山不仅是为了登顶，更是欣赏沿途的风景。

人生也应如此，多些弯路，也多些美感。不要怕走弯路，经历过酸甜苦辣的人生才是一种最全面的完整。就像法国作家司汤达生前给自己写的墓志铭所说：“亨利·贝尔，米兰人。活过、爱过、写过。”无论岁月的刀尖怎样划过，终究不会隐没那些当时看来未知痛苦、事后回忆温暖光鲜的经历。

每个人的青春里都有一条弯路，如果你现在正走在一条看起来没有未来的弯路上，别着急，别担心，你只有一直走下去，才会明白自己想要的是什么。那些曾经的未知，无人可替代，无人可帮助；即使一无所有，还有未来在。

❈ 为拥有的一切满怀感激

张小娴曾经说过：“我们害怕岁月，却不知道活着是多么得可喜。我们认为生存已经没意思，许多人却正在生死之间挣扎。什么时候，我们才肯为自己拥有的一切满怀感激？”

荒诞小说《自杀俱乐部》讲述的是一个专门为准备自杀的人服务的俱乐部，它让想自杀的人在这之前享受所有的人间快乐。有两个想轻生的青年男女在这里相遇，在享乐人间快乐的过程中他们又相爱了。不知不觉中，他们都认识到自己原先的想法是多么愚蠢，并准备放弃自杀的念头而继续活下去。可惜的是，毒气已经放了出来，生死已经由不得他们。在死亡面前，人生的一切真谛都突现在脑海中，但残酷的现实是：虽已大彻大悟，但一切为时过晚。

人性的一个共同弱点就是，对没有得到的东西心驰向往，而对现有的却视而不见。只有在失去自己现在所拥有的东西时，才倍感它的珍贵与不可替代。这篇荒诞小说虽然离奇，却仍然让人唏嘘感叹。

现实生活总是残忍得可怕，叫人不愿却又必须直视。很多时候，明明已经使尽全力，却还是会感到巨大的无助。得不到的时候战战兢兢，生怕自己还没强大到足以匹配想要的东西；得到了之后更加如履薄冰，拥有的不多只会更加不舍得失去。

某心理网站的子论坛上，有这样一篇帖子获得了很高的点击量，并被版主贴上了“精华”的标识，恐怕是其中的文字道出了许多人的心声：

有人说，早在游戏之初，你的属性就规定了你就算能量满血，也不够人家的一半，又怎么可能比得过人家！可是在最初被规定的项目里，除了属性之外，还有离开这局游戏的后果——那就只能让自己好好去享受。每一次打怪都是一次历练，也许打够一百只小怪兽还是不能够达到想要去的地方，但也不能因此半路就返航。就像有人总埋怨现在奇葩横行，极品当道，可是这世界的规律，本来就没有人理应遇到和善明理的人。碰到好运跟善意，是值得万分感恩的福分，自当好好珍惜；如果没有碰到，原本也是再自然不过的事情。

写这个帖子的人应该是体验过活色生香的美好，也经历过暗无天日的糟心。他说，在年底逼近，回家过年的氛围慢慢浓厚的晚上，深夜加班回去，在公交车上跟家人通电话，听他们絮叨些家长里短的小事，会觉得自己也是被爱着的，被需要着的，在这偌大的世界中，一下子就很安心。

文章的结尾，这样一句话被标为粗体，异常醒目："要求不高就容易养活，穿得暖吃得饱睡得好就很满足。还是那句老掉牙的话：拥有的都是侥幸，失去的都是人生。做个容易被取悦的人，有人爱着，有人可爱，还活着，还有希望，就很庆幸。"

我们时常会有这样的错觉：得不到的才是珍贵，已经拥有的，都很廉价。得不到的，因为缺少深入的了解，使它一直保持了一种美好的假相，展示给我们一个绚丽的外表。如果有一天你距离它近了看清了真相，你才发现，它和我们拥有的竟是那么得相似。别把眼光停留在想象中，你拥有的都是你的幸福。

有一个家财万贯的富翁，凡是能用钱买来的东西，他一点都不吝啬地买回来享受。只是，除了一掷千金的快感之外，他觉得自己一点也不幸福。这让他十分不解。

就在这种困惑的日子里，有一天富翁突然想出了一个主意：将家中所有贵重物品、首饰、黄金、珠宝通通装入一个大袋子中，开始去旅行，他决定只要谁可以告诉他幸福的方法，他就把整个袋子送给谁。

时间一天一天的过去了，眼看一个多月了，富翁也离开家走了三四个地方，可仍然没有找到他心目中的"大师"。这天，途经一个小村庄，村民知道了富翁的来意，便好心告诉他离此不远处有一位老师傅，如果他也没办法的话，恐怕世间再无人可解。

富翁非常激动，谢过村民后直奔那位老师傅的住处。果然，如愿以偿地见到了“大师”。富翁上前开门见山地说：“我只有一个目的，只要你能告诉我幸福的方法，我一生的财产都在这个袋子里，全都送给你！”

此时天色已晚，趁着黑夜，老师傅抓起富翁手上的袋子就往外跑去。还没等富翁反应过来，老师傅早就消失在夜色之中了。惊呆了的富翁这时才意识到自己被骗了，一路又喊又叫地追了出去。可毕竟人生地不熟，没跑多远就迷了路。

第二天，正当富翁几近绝望的时候，老师傅奇迹般地出现在他面前，手里拎着昨天拿走的袋子。富翁见到失而复得的袋子，一把抓过来抱在怀里直说：太好了，太好了！

此时，老师傅笑笑，不慌不忙地问富翁：“你现在感觉如何？幸福吗？”

“幸福！我觉得自己真的太幸福了！”

老师傅解开了谜底：“其实这并不是什么特别的方法。只是人们对于自己所拥有的一切都视为理所当然，所以不觉得幸福。其实你现在怀里所抱的袋子与之前的是同一个，你欠缺的只是一个失去的机会，这样你马上就会知道你所拥有的有多重要。现在，你还愿意把它送给我吗？”

反观一下我们自己，是不是多多少少也都和这个富翁一样，当失去或缺乏某些东西时念念不忘，一旦拥有了又容易忽视它的存在？或许，我们每个人欠缺的，都是一个失去的机会。

一本《幸与不幸都是福》的书中有这样一段话：“人最大的不幸，就是不知道自己是幸福的。我们很少想到自己还拥有什么，对于失去的、欠缺的却一直念念不忘。所以说，上天为了要使我们有看见的能力，就安排了各种失去的课程。藉由失去，让人学习‘看见’的能力——看见自己拥有的幸福。”

16.2.24

Chapter4

给时间一点时间，让过去成为过去

没有在深夜痛哭过的人，不足以谈人生。越往后活就会越明白，人生有时候就是一个不停面对不堪的过程，没有愿意和不愿意之分，只有在阳光下微笑和在黑夜里哭泣的区分。我们能做的，只是默默地等这一阵过去。时间不是药，药却在时间里。

人生就是不断经历和承受

有一种香料，不仅是世界上留香最持久的，且极其稀有，故又被称为“灰色的金子”。因世界上任何一种香料都不能与之相媲美，因而素有“龙涎之香与日月共存”的说法。

关于它的来源，有过无数的猜测和传说，也成就了它的神秘感。可是谁也没有想到，贵如黄金的龙涎香，竟是某海洋生物与痛苦对抗的产物。

一位海洋学家经过调查研究后发现，海洋中有一种形体巨大的生物，叫做抹香鲸，它可以潜到千米深海之下，吞食体型巨大的乌贼、章鱼等。但是这些动物身体上坚硬、锐利的角质和软骨却很难被抹香鲸消化，每次吞食后，抹香鲸都因肠胃饱受折磨却不能将之排除体外而痛苦异常。在痛苦的刺激下，抹香鲸只好通过消化道产生一些特殊的分泌物，来包裹住那些尖锐之物，以缓解伤口疼痛。

每隔一段时间，难耐痛苦的抹香鲸就要把这些分泌物包块排出体外。随着海水的流动，这些包块漂浮到海面上，经过风吹日晒、海水浸泡后，便成为现在人们所见的名贵的龙涎香。

不要拒绝痛苦的磨难，有时，往往是与痛苦对抗的过程，才让我们的人生修炼到了龙涎香的境界。

周国平在《直面苦难》一文中说：“我的智慧是把痛苦当作爱的必然结果加以接受，化为生命的财富。”对于苦难的选择和接受，他有这样的辩证之感：“我无意颂扬苦难。如果允许选择，我宁要平安的生活，得以自由自在地创造和享受。但是，我相信苦难的确是人生的必含内容，一旦遭遇，它也的确提供了一种机会。人性的某些特质，惟有藉此机会才能得到考验和提高。一个人通过承受苦难而获得的精神价值是一笔特殊的财富，由于它来之不易，就绝不会轻易丧失。而且我相信，当他带着这笔财富继续生活时，他的创造和体验都会有一种更加深刻的底蕴。”文章最后，只引用了这样一句话让人回味：“愿意的人，命运领着走；不愿意的人，命运拖着走。”

的确，人需要经历痛苦与折磨才能真正成熟起来；只有超越了痛苦，才能成就更好的自己。关于生理上的缺陷，关于生命和死亡，关于希望、失望和绝望，我们都可以认为是痛苦；但同时，我们可以选择憔悴或者鲜活，可以选择留下或者走开。如同凤凰涅槃，经历烈火的煎熬和痛苦的考验，才能获得重生，并在重生中达到升华。

20世纪70年代，国外一家研究机构曾对1000名下半身麻痹的残疾人和1000名正常人的“快乐指数”与“痛苦指数”进行了一次调查。结果令人大吃一惊：1000名残疾者的“快乐指数”竟比正常人高出15个百分点，而“痛苦指数”却比正常人低了8个百分点。直至今天，这样的现象依然存在：

郭艳红，一位年仅18岁的中国女孩，看起来和周围的少男少女没什么不同，但是身后却有着不同的人生故事。

艳红4岁时，一场车祸夺去了她的双腿。祖辈生活在山区村子里的郭家，面对这种情况，没有多余的钱给孩子治疗，只能勉强凑合让她活下去。从此以后，艳红就用爸爸给她特制的“双腿”行走，而用半个篮球来稳住身体。因此，她被当地人称为“篮球女孩”。

幸运的是，在各界好心人和专业医疗机构的帮助下，艳红在10岁时免费装上了义肢。不久后，她还得到了一个新机会：参加全国第一个残障人游泳俱乐部。

然而，这难得机会对于艳红来讲，却绝非易事。“我得比其他孩子付出更多”，艳红事后对朋友说：“我根本就没法在水里浮起来，总是呛水。”

但是，她最终坚持了下来，成为了一名杰出的游泳运动员。现在，已经长大成人的艳红希望有一天能在残奥会上为自己的国家摘金夺银。

苦痛有时就像是冰冷的水。当身体出现局部的症状，冷敷或许可以帮上忙，可如果整个身体都浸入在水中，就会变成一堆冰冷的恐惧。真正抵达内心、有望彻底恢复的方法只有一个——直面痛苦。因为，一个重要的心理规律是，无论多么痛苦的事情，我们都是逃不掉的。除了勇敢地面对它，化解它，超越它，最后和它达成和解，别无他法。然后，我们便会在这个过程中得到许多意想不到的收获，最终成为我们的人生财富。

美国心理学家罗杰斯曾一度陷入孤独的深渊，但当他面对这个事实并化解后，他成了真正的人际关系大师；美国心理学家弗兰克有一个暴虐而酗酒的继父和一个糟糕的母亲，但当他直面这个事实并最终从心中原谅了父母后，他成了治疗这方面问题的专家；日本心理学家森田正马曾是严重的神经症患者，但他通过挑战这个事实并最终发明出了森田疗法……阿德勒曾经说过："在生理上的不足能激起精神上的补偿"。是的，磨难不仅限于生理，任何的"先天不足"都能激发起人们超乎寻常的努力。

几年前，著名导演张艺谋接受了美国有线电视新闻网（CNN）记者的专访。问起他的成功经历时，记者插了一句题外话："张导演，能不能问你一个私人问题？这几年，你的《英雄》《十面埋伏》在国际、国内都取得了很高的票房，你已经是国际上知名的大导演了。有人传言，在当今电影界，仅‘张艺谋’这三个字，就是一个聚财的品牌。能不能透露一下，你现在到底有多少财富呢？”

张艺谋仔细思考了一下，然后认真地对记者说：“说来你也许不信，我的财富，只是一架旧式照相机。”

“这怎么可能？这听起来更像是个玩笑。”记者睁大了眼睛。

“我说的是真心话。”张艺谋笑着说，“由于家庭出身原因，从小到大，我和家里人一直生活在一个受人歧视的环境里。18岁那年，我迷上了摄影，可在当时，家里连吃饱饭都困难，哪里还拿得出钱给我买照相机、供我学摄影呢？有一天，我听人说卖血可以赚钱，于是我瞒着家人，偷偷地到城里去卖血。一连卖了五个月，终于攒够了买一架照相机的钱。”

事后，记者在专访文章中写下了这样的话：当人们把羡慕的目光投向成功人士名利光环的时候，却往往忽略了他们身上隐藏的精神财富，那才是他们动力的源泉、制胜的要素、成功的秘诀。

果然，张艺谋的人生从那架照相机开始有了翻天覆地的转变。1978年，凭着那架照相机给他的艺术积累和对艺术执着的追求，张艺谋考入了北京电影学院摄影系。毕业后，他担任摄影，拍的第一部电影《黄土地》就先后荣获了十几个国内外知名奖项，也正是那部《黄土地》，为张艺谋日后正式涉足电影界铺平了道路。

谁能想到，如今荣誉等身的光环人物，却有着那样一段特殊的苦难经历。一架照相机，一段卖血的经历，给了他极其深刻的人生体验，让这个年轻人懂得了只要勇于挑战逆境，打破宿命，终会有实现人生价值的那一天。就像张艺谋自己说的："不管到哪里，我一直保留着它，那才是我真正意义上的财富！"

其实，这样的体验在我们的生活中无处不在，只不过表现形式不同罢了。它既会使庸者消沉、颓废，也可使强者成熟、成长，这样的体验我们只要记住了，面对了，承受了，超越了，就会拥有一个大写的人生。

❈ 勇敢就是坠落后还能升起

“钟声响起归家的讯号 / 在他生命里 / 仿佛带点唏嘘 / 黑色肌肤给他的意义 / 是一生奉献 肤色斗争中 / 年月把拥有变做失去 /疲倦的双眼带着期望 / 今天只有残留的躯壳 / 迎接光辉岁月 / 风雨中抱紧自由 / 一生经过彷徨的挣扎 / 自信可改变未来 /问谁又能做到……”

BEYOND乐队创作的这首《光辉岁月》，多少年来，每当旋律响起，都会激起人们心中的激动和荣耀。1990年8月，黄家驹从非洲回到香港后，创作了这首歌曲，并把它献给了一位“世界级的偶像”——南非前总统，纳尔逊·罗利赫拉赫拉·曼德拉。后来，当曼德拉听到这首歌，明白歌词的含义后，这位世纪老人不禁潸然泪下。

2009年11月11日，第64届联合国代表大会通过决议，将每年的7月18日，即曼德拉的生日定为“曼德拉国际日”，并号召世界各国在这一天为社区服务68分钟，以纪念曼德拉从政68年“为和平及自由所作出的贡献”。

那么，曼德拉究竟是怎样一个人？他如何赢得了世人如此的尊敬？在这些荣誉背后，曼德拉又经历了怎样的痛楚？

1918年7月18日，曼德拉出生在南非特兰斯凯一个部落酋长家庭。作为家中长子、酋长继承人的他从小就心怀理想，他不愿以酋长身份统治一个受压迫的民族，而要“以一个战士的名义投身于民族解放事业”。

1925年，曼德拉成为他们家族中唯一上过学的成员，曾先后就读于黑尔堡学院、威特沃斯特兰德大学，1942年获法学学士学位。从1948年开始，曼德拉就积极投身政治运动，反对执政的南非国民党推行的种族隔离政策，后被南非政府以“煽动”罪和“非法越境”罪判处5年监禁，又在2年后的1962年8月，以“企图以暴力推翻政府”罪判处他终生监禁。自此，曼德拉开始了他长达27年的“监狱生涯”。

在这漫长的关押期间，曼德拉受到了非人的折磨。在比勒陀利亚地方监狱中，曼德拉不仅被单独关押，不能与人交流，而且关押室中甚至没有自然光线，更没有任何书写物品。在罗本岛，关押曼德拉的狱室只有4.5平方米，除了基本的生理需要外，他不能参加一切当时岛上囚徒自发组织的活动，甚至连球都不能看。

就是在这样的环境中，曼德拉的意志也没被击倒。服刑期间，曼德拉一直通过在牢房里跑步和做俯卧撑来锻炼身体。在罗本岛时，他还时常作画，画一些铁栏杆外的风景。1982年被转到开普敦的波尔斯摩尔监狱后，他迫使狱方给他开辟了一片小菜园，并且亲自种了近900株植物。正是这种乐观、积极、坚强的精神让他笑到了最后，赢来了辉煌。

1990年2月11日，南非政府迫于国际政治压力释放了曼德拉。他随即前往约翰内斯堡的索维托足球场，面向12万人发表了著名的“出狱演说”，他说：“当我走出囚室，迈向通往自由的监狱大门时，我已经清楚，自己若不能把痛苦与怨恨留在身后，那么其实我仍在狱中。”

曼德拉的伟大不仅在于他矢志废除种族歧视，更重要的是，他用他的善良与宽恕，烛照了这个世界的精神天空：获释后的曼德拉以他的智慧和宽容放弃了当时一度喧嚣尘上的暴力推翻白人政权的计划，而是致力于以和平方式结束种族隔离政策，并积极推动建立新南非民主政权。1993年10月15日，挪威诺贝尔委员会将当年的诺贝尔和平奖授予了曼德拉和时任南非总统德克勒克，以表彰他在化解南非不同族群的仇恨，以及推动南非民主进程方面所作出的贡献。

1994年5月9日，在南非首次不分种族大选结果揭晓后，曼德拉成为南非历史上首位黑人总统，至1999年6月正式去职。卸任后的曼德拉仍然致力于世界和平与人类尊严，他大力兴办学校，为南非防治艾滋病投入了大量精力。

有一次人们曾问曼德拉，希望世人如何纪念自己。他回答说：“我希望我的墓碑上能写上这样的一句话：‘埋葬在这里的是已经尽了自己职责的人’。除此之外，我别无他求。”

从囚犯到总统，再到世界级的偶像，曼德拉谱写了一段特殊的传奇。经历过太多苦痛与折磨的他，没有因为任何原因而改变乐观、宽容、坚定、幽默、平和的高贵品质。他没有因为种族主义政权的迫害而走向极端、施以报复，而是极力斡旋、促进和解；没有因为长期非人的囚徒生涯而失去理智、放弃希望，而是积极锻炼身体，等待胜利的到来；没有在声望高涨时贪恋权位、中饱私囊，而是在一届总统任满后立即退位；没有在退休后坐享功名，而是积极奔走，为慈善事业继续贡献心力。正是这位老人的每一次出现，给这个世界带来了力量，让人们感受到了信仰的坚毅：“生命中最伟大的光辉，不在于永不坠落，而是坠落后总能再度升起。”

不合理的打击、困厄的遭遇，都是上天锻炼优秀人才时所使用的打铁锤。铁锤凿凿，若能经得起种种磨难而未被打压下去，必能昂起头来去担负人生中的各种挑战。磨难如风，它可以是浪的帮凶，把被打趴下的弱者埋葬到大海深处；也可以是帆的伙伴，把敢于抬头的勇者推向成功的彼岸。

19世纪英国诗人威廉·亨利写过一首诗，名叫《不可征服》。谨以此向这位“世界上最接近圣人”的老人致敬，也向他无私奉献、坚定宽容的品质学习：

“透过覆盖我的黑夜，我看见层层无底的黑暗。感谢上帝曾赐我，不可征服的灵魂。就算被地狱紧紧攫住，我不会畏缩，也不惊叫。经受过一浪又一浪的打击，我满头鲜血不低头。在这满是愤怒和眼泪的世界之外，恐怖的阴影在游荡，还有，未来的威胁，可是我毫不畏惧。无论我将穿过的那扇门有多窄，无论我将肩承怎样的责罚。我是命运的主宰，我是灵魂的统帅。”

❈ 有阴影的地方必定有光

“孤单时，仍要守护心中的思念。有阴影的地方，必定有光。每个人无论遇到了什么，心里受到了什么样的打击，最终都会有一束光，打开心扉，美丽的光必定会照射每个角落。”

这是风靡华人世界的畅销绘本画家几米2009年力作，《星空》。它以一种年龄的视角，描绘了一类无法和世界沟通的孩子，从对社会的恐慌、逃避到逐步认识自我的过程。

在画面斑斓、色彩精美的图画背后，描述了一个并不复杂的故事：两个不知如何与这个世界沟通的孩子，女孩因父母不和，从小便寄宿在乡下的爷爷家；男孩和父亲常年出海，不得不辗转于陌生的城市。有一天，女孩听到男孩在积雪覆盖的屋顶唱歌，于是，他们相遇相识了。

之前，他和她只能独自承受着来自于这个世界的孤独，但是当他们在一起的时候，他们把自己的孤独当成礼物，做了交换，共同对抗着那份承受和孤独，然后，从对方手里，收到了一份勇气。

他们逃离城市，穿过幽暗的隧道，来到森林的尽头。在童年嬉戏过的湖上，他们划着小船来到湖心，在山里的夜晚仰望美丽的星空。

后来，她大病一场，而他却悄然离开，留下她独自面对那些一起走过的路。

直到有一天，她在房东的指引下推开他房间的门，里面画满了各种各样的鱼，游到大海里，去找寻父亲的航船。而她的画像，就在那自由的鱼群中，安静的笑着。她懂了，笑了，哭了。原来，他才是真正的魔术师。

哭过一场，一切仿佛变得晴朗了许多，她看见春天的树苗抽出绿叶，小狗在欢快地奔跑。书的末页，写着：后来，我再也没有见到他，但我永远会记得那年夏天最灿烂、最寂寞的星空。当一丝落寞浮上心头时，合上画本，却看见作者说："孤单时，仍要守护心中的思念。有阴影的地方，必定有光。每个人无论遇到了什么，心里受到了什么样的打击，最终都会有一束光，打开心扉，美丽的光必定会照射每个角落。"

别太介意我们的人生路程中总是走在阴影的地方，那是因为我们的背后有阳光。因为有了阴影，探寻光明的价值才会充分体现出来。阴影只是实现梦想的必经之路，毅力和勇气才是黎明的守望。那些在黑暗中仍然仰望光明并孜孜以求的人，终究会把无法事先布置的、生命舞台前的那条黑色幕布拉开，看到色彩斑斓的宏图。

正像那首深入人心的两行小诗所写：“黑夜给了我黑色的眼睛，我却用它寻找光明”。黑夜与光明形成鲜明的反差，诉说着整整一代人藏在心底的顽强求索，以及在黑夜中对光明的强烈渴望，那是在阴影中前行的唯一支柱，是一个人冲破黑暗的巨大力量。它不是对黑暗的绝望，而是对光明的向往，是一个充满激情的宣言。

阴影也好，黑暗也罢，都是每个生命必须经历的。法国著名小说家、哲学家阿尔贝·加缪曾说：“死亡是无法摆脱的，但每个人都有自己的死。归根结底，太阳依然温暖着我们的身骨。”

在现代中国，也有这样一个人，他说：“就命运而言，休论公道；如果你被选择去充任那苦难的角色，就去承担。”他就是几十年都坐在轮椅上，却完成了对苦难超越的著名作家，史铁生。

在史铁生的世界里，永恒的生命欲望已经超越了苦难和伤痛，到达了一种更为广阔的境界。当他“活到最狂妄的年龄时忽地残废了双腿”，于是便天天来到地坛公园，在寂静的天地中思考着关于生与死的问题，最后他终于明白：“一个人，出生了，这就不再是一个可以辩论的问题，而是上帝交给他的一个事实。”他接受了这个苦难，包括生命中最不能忍受的残酷和伤痛。

在史铁生的一生中，他从自身亲历出发，到整个人类，了悟了人应该怎样看待自己的苦难，写下了不朽的文字留给后人：“以最真实的人生境界和最深入的内心痛苦为基础，将自己的生命放在天地宇宙之间而不觉其小，反而因背景的恢弘和深邃更显生命之大”。

的确，每个人的一生中都会经历这样的阶段：外面的世界如同暗夜下的大海般深不可测、险象环生，个体就如同一叶扁舟，面对浩瀚的大海显得非常渺小、孤独和迷茫。然而，这世上没有无边的黑暗，只要拥有坚强的毅力和不惧黑暗的勇气，终究会看到黎明喷薄的太阳，哪怕是生理上永远处在阴影甚至黑暗中的人。

艾薇是一名出色的钢琴调律师，同时，她也是一个盲人。一架钢琴，8000多个零件，没有人会相信盲人可以调音。但艾薇就是凭着她坚韧的精神、熟练的技术和严谨的工作态度，把不可能变成了可能。

除此以外，她还是当地无数“盲人第一”的创造者：第一位女盲人钢琴调律师、第一位骑独轮车的盲人、第一位开卡丁车的盲人、第一位盲人跆拳道“黄带”选手、第一位加入世界杰出华人协会的盲人……就是这样一位双眼视力仅有0.02、患有先天性白内障的盲人，创造了世人的奇迹，也创造了她自己人生的奇迹。

视力的盲区并不可怕，可怕的在于因一时阴霾而迷失在自我的沉沦中，看不到远方，看不到未来。每个人的心灵救赎最终还是要靠自己。在光明下欢笑是一种本能，而在黑暗中欢笑则是一种品质。在岁月与生命的博弈中，我们依然要有所期待，有所探寻；在东方第一缕曙光的指引下，见证心灵的成长。

❁ 你不是一个人在难过

“我的人生就是一个非主流人生，父亲说我是外国来宾，说我的人生就像罐头一样，说得我有时候都想去死，但是那个念头过后，我又觉得人生不仅仅是那样。”

读到上面这句话时，很多人被深深震惊，不是因为话语本身，而是说这话的人——一位韩国前国会议员。

令人不可思议的是，像国会议员这么优秀的人，是什么样的痛苦让他说出这么沮丧消极的话？看看他的履历，简直就是积极完美的代名词：还在首尔大学研读法学本科的时候，就已经通过了司法考试、行政考试，并且以全A的成绩考入哈佛大学和耶鲁大学，毕业后，又在哥伦比亚大学获得博士学位。回到韩国，一举成为股市投资专家，之后顺利进入政坛，当选了国会议员；现在，是一名出色的律师。

看完这篇文章，或许有些人会评价他过于谦虚，或许有些人说他故意炫耀骄傲，然而，却没有谁能拿出任何证据断言，这位前国会议员夸张了自己的痛苦——大家都明白，每个人都有自己不为人知的一面。

所谓人生，就是在远行的路途中不断和稚嫩的自己告别，也许艰辛，也许孤独，但熬过了痛苦，我们才能得以成长。我们都曾拿着简历向别人介绍过自己，然而在简历的各项经历中，其实有很多用括号括起来的苦痛和挫折，鲜为人知。某位跨国企业CEO就曾这样说过："只看简历的话，看上去的确很华丽，但是走到这个位置，我却经历了无数的苦难和绝望。"

对于彼此的"括号"来讲，我们都像是月亮一样的存在，展现的是相同的半球，也就是有光亮的那一面，所以我们看不到对方的阴影。久而久之就会产生一种认识上的错觉，以为只有自己才有"阴暗的另一面"，一直自怨自艾"众人皆甜，唯我独苦"。

查理·卓别林曾经说过："所谓人生，在远处看是喜剧，在近处看是悲剧。"我们往往看到别人的人生很幸福，而自己的人生则很痛苦，正是因为别人的人生都是从远处看，而自己的人生却是在近处看。"我不想过分地羡慕或者是怜悯任何人，也不希望别人很羡慕或者怜悯我。因为，他并没有看到完整的我，我也没有看到完整的他。"

19世纪80年代末，英国伦敦南部地区的一个演艺家庭，一个羸弱的小男婴降生。之后不久，父母就分居了，小男孩和他的哥哥跟随他们的母亲生活。几年后，母亲失业，兄弟两人被送入伦敦兰贝斯区的一个少年感化院，几周后又被送入一个孤儿收容学校。小男孩12岁半时，父亲因酗酒去世，母亲精神失常，被送入精神病院，自此，他离开了孤儿学校，成了一名流浪儿。报童、杂货店小伙计、玩具小贩、医生佣人、吹玻璃的工人，游艺场清洁工等等，他统统都干过。

没想到，早年的贫困生活倒启发了小男孩后来的创造灵感，一个经典永恒的形象被表现出来：小胡须、细手杖、大号裤子及皮鞋，以及歪歪扭扭的正式晚礼服，暗示了在儿童天真想象中的威严成人，意在用天真无邪的形象重新塑造一个下层阶级的代表。

是的，他就是20世纪著名的英国喜剧演员，现代喜剧电影的奠基者，查理·卓别林。

17岁时，卓别林正式进入当时非常有名的卡尔诺剧团，扮演喜剧小丑。在此期间，卓别林有很多机会去世界各地巡回演出。终于在1912年，卓别林的美国演出非常轰动，引起了美国电影制片商赛纳特的兴趣，这位启斯东公司的老板一眼相中了这个来自异国他乡的青年，卓别林自此开始了他向往已久的演员生活。

卓别林在启斯东扮演各种各样的角色，多半是凶狠的、轻浮的、散漫的、狡猾的、丑陋的。这些人物符合启斯东的“理想”，但却和卓别林独具一格的整套喜剧手法很不协调。卓别林曾说：“我并不很喜欢自己的早期影片，因为在这些影片中我很不容易控制住自己。一两块奶油蛋糕飞到人的脸上，也许还有点逗趣，可是，如果整个喜剧性仅仅依靠这种办法，那么影片马上就会变得单调而索然寡味了。也许我并没有能够一贯做到实现我的意图，不过，我是一千倍地更喜欢用一种俏皮的姿态、而不愿用粗鄙和庸俗的行为去赢得笑声。”

基于真正艺术家的天性，卓别林越来越清楚地意识到幽默对生活基础的特殊意义。他开始从早期的滑稽电影中摆脱出来，逐渐把严肃的题材和喜剧片的传统手法巧妙地结合在一起。他力图通过电影反映出时代的特征，比如《狗的生涯》《城市之光》《凡尔杜先生》，以及最著名的《摩登时代》。他的影片不仅演技纯熟，更珍贵的是思想深刻，那些同情的、辛酸的、深省的笑，都是残酷人生和残酷时代的真实写照。他说，创作喜剧，其中的悲剧因素往往会激起嘲笑的心理，而嘲笑正是一种反抗。

为此，美国政府掀起了对卓别林的迫害。《凡尔杜先生》在美国的许多大城市被禁映。对此，卓别林在巴黎报纸上发表了一篇题为“我向好莱坞宣战”的文章，向全世界控诉他所遭受的迫害。

大概十年后，由于世界格局的变化，卓别林在美国的命运也随之再度发生了改变。1963年，他在纽约组织了自己的电影节。1972年，他在奥斯卡有史以来最热烈且持续时间最长的起立鼓掌声中，接受了美国电影学院颁发的奥斯卡特殊成就奖。

这位世界杰出喜剧大师用他跌宕起伏的传奇一生向世人说明，“不幸，是天才的晋身之阶，是信徒的洗礼之水，是强者的无价之宝，是弱者的无底深渊。”所有的锻炼不过是再次呈现，我们还有没学会的功课。

的确，几乎没有哪一个生命中不经历难捱、痛苦的时刻，脆弱不堪的人因眼前的坑洼泥泞而畏首畏尾、一蹶不振；而眼光长远、心灵强大的人，把这一切看作是一种孕育希望的机遇，沉着并坚忍。

正如海伦·凯勒所说：“每小时，每一天，我们都在反抗痛苦。仿佛我们哀恸的人是上帝孩子中痛苦最深的。我们奇怪为什么这痛楚要加在我们身上，因而不停地哭。但是只要我们有承担悲愁的力量，到头来就会发现我们的灵魂最尊贵。‘痛苦如果征服不了我们，便不算是罪恶’。”

❁ 把自己从泥地里拔起来

屡创剧坛奇迹的剧作家廖一梅在她的书《像我这样笨拙地生活》中说："我坚信，人应该有力量，揪着自己的头发把自己从泥地里拔起来。"她是想说，"对于人类而言，最好的安慰剂就是知道你的痛苦并不特殊。"

1965年，越南河内希尔顿战俘营里，关押着美军一位高级将领。作为被俘人员中最高级别将领，美国海军上将斯托克代尔没有受到任何优待，先后遭受了20多次拷打。他曾一度怀疑自己能否活着出去，直到8年后获释回国。

斯托克代尔的事迹在美国引起强烈反响，有很多媒体都来采访他。人们最关心的问题之一就是："8年时间里你有很多同伴不幸遇难，你又是怎么熬过来的？"

斯托克代尔想了想，回答道："我一直渴望活着出去见到家人，这个愿望一直支撑着我。"

"可是那些死去的人，应该也很渴望见到亲人吧？"记者不解地问："那你同伴中最先死去的是哪些人呢？"

斯托克代尔遗憾地回忆说：“是那些过于乐观的人，他们总盼望圣诞节就可以被特赦，可是节日过后没能如愿，于是又想复活节可以，结果还是没被释放……这样一次连着一次的失望，把他们的信心一点一点击垮，不久后便郁郁而终。”

停歇片刻，斯托克代尔长叹了口气，讲起发生在监狱的事。由于各自被关禁在不同的牢房，他们彼此是看不到同伴的。于是，他们发明了一种秘密传递信息的方式，约定相互敲墙，以敲击的节奏来代替英文字母。起初，大家都严格按照约定的节奏敲墙，鼓励着对方，可是没过多久，就有人破坏了规矩，经常在节日前后用急促的敲击来宣泄情绪，以至于一到过节，监狱里的气氛就与平时大不一样，越来越多的人烦躁地敲着，狱室内喧闹不堪，接着，死去的人也越来越多……

“有节奏地敲墙，其实是大家表达活着出去愿望的方式；杂乱无章地发泄敲击，只能适得其反。”最后，斯托克代尔语重心长地说，“这是非常深刻的教训。一个人无论在什么时候，面对多么复杂、残酷的现实，也不能对未来失去信念，自己放弃自己。”

正如小说《灵山》里的一段话：“历世间大喜大悲、惊心动魄之事，莫自伤形骸、莫如死灰槁木、莫激忿癫狂，神魂不欲疯魔必有所寄，所寄莫失。”说的正是这个道理，心有所寄，所寄莫失。

漫漫长途，我们会遇到很多“人生枯井”，也很难避免不掉入其中。当泥土无情地扑面而来，与其凄惨地嚎叫，抱怨命运的不公或是渴望他人的怜悯和帮助，不如将泥土抖掉，努力自救，从而走出人生的枯竭之境。就像《鲁宾逊漂流记》和《汤姆·索亚历险记》中的主人公，都是在身陷绝境的情况下，还能冷静下来自己寻找“出口”，坚持不懈地努力，最终摆脱困境。

青年时期的拿破仑有一次去郊外打猎，突然，听见不远处有人喊救命，便快步走到河边，看见有一个男子在水中挣扎。

看着眼前并不宽阔的河水，和在河水里拼命呼喊的男子，拿破仑不但没有跳下河去救人的意思，反而端起猎枪，对准落水者，大声喊道：“你若再不自己游上来，我就把你打死在水里！”

那人见求救无望，反而更添一层危险，便只好奋力自救，终于游到了岸边。

身边的随从脸色不禁有些难看，小声嘟囔着：“这也太残忍了！连一点爱心都没有。”

拿破仑还是听到了这小声的议论，转身看看随从，心平气和地说：“我之所以拿枪逼迫让他自己游上岸来，是想告诉他，自己的生命本来就该自己负责。在这条不宽的小河里都不懂得自救的人，以后又怎么度过他的人生之河呢？”

的确，积极的人绝不会坐失对自己有用的手段或机会，他们会最大限度地利用一切可调动的资源和条件，在看似毫无希望的时候发现生机，从而化险为夷、转逆为顺。是坚韧不拔的信念和希望让人们创造出奇迹，在身处逆境的第一时间，他们深知救世主只有自救，也必须是自己。

人们至今也不会忘记2008年5月，发生在四川的那场地震，更不会忘记在那场地震中自救互救的英雄们：在北川县城核心现场，在一股从背后深山逃出的人流中，11岁的小男孩背着3岁半的妹妹，非常吃力地走着。同行的爷爷、奶奶已经老了，父母在外打工，小男孩勇敢地担负起家庭的责任，一直走了12个小时没有停，他说，他很爱妹妹；还有那个砸腿、喝血，亲手锯腿的北川女子，被困3天后获救；以及一个初三学生用双手刨挖数个小时，在废墟中救出自己的女同学。

这些突遭灾难的普通人，他们没有等，没有放弃，抱着笃定的活下去的念头，冷静而坚强，在困境中自救，用智慧和勇气保护和挽救了自己与他人的生命。

遇到困境总是环顾左右、希望别人拉一把的人，也许能较快地逃离暂时的不幸，但谁又能预料，在不远的前方还有多少困境将要面临？他们一旦失去外界的援助，大多在困境中不能自拔；

而在逆境中懂得自救的人，也许在苦痛中煎熬的时间会长一些，但他们从中锻炼并增强了战胜困难的信心和勇气，当再一次身逢逆境时，就能变得从容而机智。

也许你现在的生活并不富裕，也许你眼下的工作并不够好，也许你刚刚被情所弃；不管处在怎样的困境中，都一定要试着自己爬起来，以神清气爽的面容和温暖阳光的微笑，从容自若地面对生活。

人生就像一杯没有加糖的咖啡，喝时苦涩，回味起来却有久久不会退去的余香。有些心事可以讲给朋友，有些苦难只能自己承受。真正的痛苦，没有人能与你分担，你只能把它从一个肩头换到另一个肩头。“每一次陷入困境，对我来说就是又一次的挑战。我喜欢逆境，更喜欢享受在逆境中自救的过程。”大自然可以给我们的，除了困境，还有困境中积极的生活态度。

❈ 悲伤不会消失，却会变淡

“悲伤是否会消失？”

“他们不会消失，但会随着时间的流逝而慢慢改变；有时候，你会觉得自己好像忘记他们了，可是某个时刻他们又会突然浮现；继而你的心会一沉，但你不会一直沉溺下去；慢慢的，你会觉得，其实还好，这种无能为力的悲伤，其实也还可以撑过去。”

这是2010年上映的美国电影《Rabbit Hole》里，女主角贝卡和母亲的一段对话。影片主要讲述了一对原本幸福的夫妻在经历意外丧子之痛后生活的变化。贝卡和豪伊本是一对幸福的夫妻，就在八个月前，他们还有一个美满的家庭。然而，他们的儿子丹尼在车祸中不幸遇难，突如其来的打击彻底改变了他们原本完美的生活。从噩梦中醒来，回到现实生活，夫妻俩沉浸在回忆、渴望、愧疚中，相互指责挖苦，均无法从痛苦中解脱。贝卡开始重新定义自己的生活，她变得苦闷、尖刻，甚至有时有些滑稽。与此同时，豪伊整日沉湎于过去，并努力从外人那里寻找贝卡无法给予他的安慰。尽管这样，夫妻俩还在努力找回充满欢笑和幸福的美好生活。这段历程反映了两个人从脱轨的生活中重新接受彼此的过程。

导演约翰·卡梅隆·米切尔被这个剧本深深吸引，“之所以打动我，就是因为它把这种无法消退的情感表达得非常充分、形象和具体。”原来，他也有着类似的个人经历，在米切尔14岁的时候失去了10岁的弟弟，他说：“这是一件突如其来的意外事件，它永远地改变了一个家庭，直到现在我们还在从创伤中恢复着。”

离别之所以令人如此心痛和难过，是因为远去的那个人曾经和我们共同经历过那么多开心与快乐，不管是亲情还是爱情，都曾经拥抱得那么紧，也曾经一度离“一辈子在一起”的山盟海誓那么贴近。

然而，真实的人生就是有失去也有遗憾。世事如云，云起时汹涌澎湃，云落时落寞舒缓。岁月会把失去变为拥有，也会把拥有变为失去。离开与失去，与人一路共生，如影相随。也正因此，每个人生命中都有门功课，叫“接受”，接受爱的人离开，接受亲的人离世，接受喜欢的人无论如何也不能在一起。无论多大，每一次在“接受”面前，我们依旧像个只会嚎哭的孩子——区别是，长大的我们会对自己说：“接受，是另一种开始。”

女孩和男孩相爱了四年，可这四年最终变成了“思念”：就在他们约好去领证的前一天，一场意外的车祸，让他永远地离开了这个世界，离开了她。女孩痛不欲生，几经规劝后勉强度日，可从此却在自己的感情世界里构筑了一道心墙，日思夜想已故的他。

女孩的文笔不错，心房紧锁的她也只有用文字来排遣郁郁，在她的博客上，写过这样一篇日志：

“亲爱的，现在的你在那边做什么呢？是不是仍然像我们在一起时那样快乐？我想了无数次要离开这里，离开这个伤心之地。但是我还有自己的责任，我必须挺住，直到最后一刻，直到佛陀召唤我的时候。多么希望那一刻早些到来，我可以微笑地走到另一个世界，微笑地看着你。能够每天看着你幸福地生活，我心满意足。可是对于现在发生的一切，我没有一点挽回的办法，我的心在哭泣、在流血。佛陀，你愿意帮助我吗？我愿意付出一切，来实现自己那平凡的心愿，哪怕下辈子受苦……”

女孩总说：“无论是闭上眼睛还是睁开，事情就好像发生在昨天，怎么也抹不去。”

她总是穿着那件淡绿色的上衣，那是他送给她的，也是男孩生前最喜欢的颜色。这件特别的衣服上面有着五颗特别的纽扣——心形水晶，象征着他们的爱情。女孩看到这些，就好像他从来没有离开一样。

有一天，女孩回家后发现衣服上的五颗纽扣中少了一粒。她懊恼、自责，怪自己不小心，然后跑遍了周围大大小小的商店，试图买到一颗一模一样的。可惜，她找遍了大街小巷，还是没有。女孩失落地回了家，把自己关在房间里哭了整整一夜，少了一颗纽扣怎么穿呢？心，都不像心了。可是，她怎么也舍不得放弃这件衣服。

一连几天，她都郁郁寡欢。母女连心，妈妈自然猜到了她的心思，于是劝她不如舍了那剩下的四颗扣子，再买五颗新的扣子换上。

母亲为女儿找到了五颗造型更加独特、也配得上这件衣服的花形扣子。淡绿色的上衣，在这五颗花形扣子的点缀下，显得更加高贵和典雅了。

那一刻，女孩似乎明白了什么。终于，在一个阳光明媚的清晨，她醒悟了。尔后，她敞开了心扉，开始接受全新的情感世界。

女人心思细腻，时常会把错过和失去的当成世间最为遗憾的事，任凭过去困扰着自己，任凭自责折磨着自己。殊不知，覆水难收，往事难追，后悔无益。缱绻人生，世间有很多事情都是难以预料的。得失如云烟，转眼风吹散。一切邂逅，悲欢喜舍皆有心定。看得开，放得下，因一切如镜中花、水中月，虽然赏心悦目，却非永恒。不如坦坦荡荡、平平淡淡，不让自己在悲伤中度过，不让自己在徘徊中漫步。

有一首耳熟能详的老歌中唱道："曾经在幽幽暗暗、反反复复中追问，才知道平平淡淡、从从容容才是真。"就像辜鸿铭先生说的，能受得了一切寂寞与平淡，才是真正的修养到家。记得，无论再难过，每一次离别，都终将会淡去。

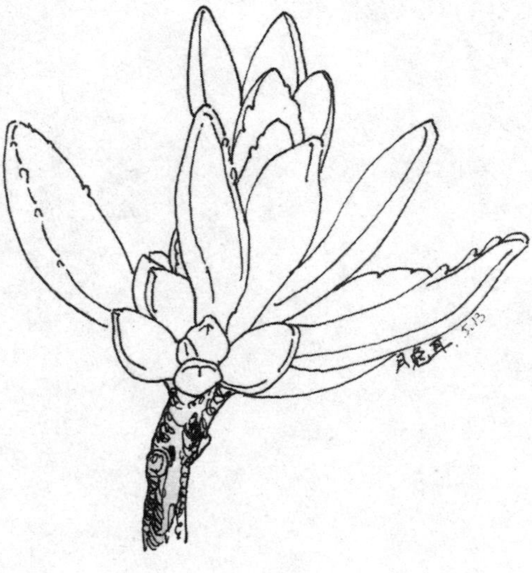

Chapter5
在安静中不慌不忙的坚强

在安静中，不慌不忙地坚强。你要知道，生命除了外表的喧闹与不安之外，还有一种内里的安静和细致，不因时日的推移而消失，就好像水仙淡淡的清芬，慢慢酝酿，缓缓释放。

❈ 为自己的情绪负起责任

2013年底，网络上盛传一组名为“骆驼之死”的漫画，评论和转发超过千万，也许和当今快节奏社会中人们容易焦躁的情绪有关：

炎炎夏日，正午时分，一只骆驼头顶着大火球一般的太阳在沙漠里跋涉着，又饿又渴，焦躁万分，一股无名火在肚子里酝酿发酵。

一不小心，骆驼恰好踩上了一块玻璃瓶的碎片，脚被硌得生疼。疲惫不堪的骆驼顿时火冒三丈，抬起脚狠狠地将碎片踢了出去，却又一不小心，锋利的玻璃碎片把它的脚掌划开了一道深深的口子，鲜红的血液顿时染红了沙粒。

又气又恼的骆驼一瘸一拐地郁闷前行，身后流下了一路血迹，不一会儿便引来了一群秃鹫，盘旋在骆驼上方的天空中，长鸣不已。骆驼心里一惊，不顾伤势狂奔起来，在沙漠上留下一条更长的血痕。直到快跑出沙漠时，浓重的血腥味把附近的狼群引来了，让本就流血过多的骆驼更加慌张无序，它像只无头苍蝇一样东奔西突，仓皇中跑到了一处食人蚁的巢穴边。鲜血的腥味惹得食人蚁倾巢而出，黑压压地向骆驼扑去。一眨眼的工夫，就把骆驼裹了个严严实实，远远望去好像一块黑色的毯子。无助的骆驼终于崩溃了，一个曲腿便倒在了鲜血淋漓的地上。

临死前，骆驼追悔莫及地自怨自怜道："我为什么要跟一块小小的碎玻璃生气呢？"

漫画的底端用粗体大字写着：发脾气是本能，控制脾气是本领！

这也让人想起奥修写过的一个故事：

一个科学家早上起床穿好衣服后，怎么也找不到自己的拖鞋，这让他的眉头紧了一下，可能连他自己都没注意那种烦躁。然后，他去卫生间洗漱，莫名的不悦一直潜藏在他身体里。刮胡子时，他不小心把剃须刀掉到了地上，没想到捡起来的一瞬间又不小心掉了。他的心情更糟了！但剃须刀毕竟是个静物，他也无可奈何。吃早饭时，科学家了解到孩子昨天的作业没有做完——终于，所有的怒气在那一刻全部暴发了，他大发雷霆地打了孩子一巴掌。妻子又惊恐又莫名其妙，不由得和他吵了起来。科学家摔门而出，开车去上班，可是最后他并没到达办公室，因为半路上，他出了车祸。

整件事的起因居然是因为早上没有找到拖鞋！看似荒唐的逻

辑却普遍存在于现代人们的生活中。其实，这样的道理谁都懂：越是不愉快就越要放宽心，越是受到委屈，就越需要冷静和理智。正如美国作家罗伯·怀特所说："任何时候，一个人都不应该做自己情绪的奴隶，不应该使一切行动都受制于自己的情绪，而应该反过来控制情绪。无论境况多么糟糕，你应该努力去支配你的环境，把自己从黑暗中拯救出来。"

但是，这不是让我们去控制焦躁和烦闷，而是要学会管理好自己的情绪。之所以用"管理"，是为了避免走入"压抑"的误区：很多人对于生气、愤怒、难过等所谓的"负面"情绪，习惯以"意志力"硬压下去，以为它会慢慢消失；而事实却不尽如此，情绪的能量不去处理，它就会累积、转化，并常常在意想不到的状态，以意想不到的方式暴发出来。

随着时代的发展、节奏的加快，人们也需要为拥有的物质生活付出高昂的代价：超负荷的工作、无止境的应酬，以及各种戴着情绪面具的"劳动"。

近年来，社会学家发现，一些职业要求人们必须在特定的时间、地点，表达出某种特定的情绪，无论他们内心深处的感受是什么。比如走进餐厅后，服务员会微笑着向你问好，尽管他们的心情实际上可能并不那么好；一些企业甚至明文规定了员工在工作中应该具有的情绪体验。这种现象被社会学家称为"情绪劳动”。

对此，受要求的一方可能会采取两种应对策略，以表现出对于情绪的矫饰：一种是浅层表演，假装表现出需要的情绪，而不触及深层的感受。另一种则是深层表演，即努力调整内心感受，以迎合组织的要求。让人担忧的是，前者的问题往往会导致内心感受和外在表现的不一致，即情绪失调，从而使整个身心陷入深渊。

所以说，情绪管理并不是一味压抑，更重要的，是疏导与化解。情绪一词本无褒贬，切忌人为地给其添油加醋。首先，我们要承认并接纳它，就像大自然中的任何客观存在一样，都应该真实呈现、坦然面对。比如，电灯发光，实际上是电流的交叉互动；河水奔流，实际上是一滴滴水珠串联在一起向前滚动——情绪，也是一条河流，是一个小念头接着一个小念头，持续地往前走。

其次，我们要学会疏导、缓解内心积累的情绪，说出来，写出来，画出来，唱出来。或者，通过体育锻炼，让烦躁的情绪随着汗水挥洒出去，给人一种畅快淋漓的感觉。古语有言：合抱之木，生于毫末；九层之台，起于垒土。没有人能折断合抱之木，但我们却可以轻易折断一根小树枝；没有人能搬动九层之台，但我们却能很容易处理掉一小块垒土。情绪的河流如果没有得到及时的疏导和排解，会越聚越多，越来越猛；平静的河面下暗流涌动，一旦暴发，将造成不可估量的灾害。

稍安勿躁，生命之花能以美丽的姿态开放多久，取决于有多少良好的营养液体的滋润。给情绪装个“安全阀”，及时“减减压”，从控制情绪到管理情绪，不仅是一个从“他制”转化为“自制”的磨练过程，更多的，是让人生之路越走越宽的一个必不可少的素质与修养。不必期待他人给予的快乐，而是能为自己情绪负责。

柔和比狂风暴雨更有力量

著名作家毕淑敏在一次高校论坛上讲了这样一个小故事，她告诉同学们，凡事凡物并不是浓度越高越好，在与人交谈、讨论、甚至争辩中，也不是声音越大越妙。

她在上学的时候，一堂化学课，老师向全班提问：“什么浓度的酒精用来消毒是最好？”

学生们几乎连想都没想，脱口而出说：“当然是浓度越高，杀菌消毒的作用越强。”

老师摇摇头，严肃地说：“你们都错了。”

看着学生们一个个狐疑不解，老师继续解释说：“高浓度的酒精，会使细菌的外壁在极短的时间内凝固，形成一道‘天然屏障’。后续的酒精就再也无法渗透进去，从而使细菌在壁垒后依旧可以存活。”学生们认真地听着这个新奇的理论，若有所思。

老师进而强调：“最有效的浓度，是把酒精调得相对柔和些，润物无声地渗透进去，效果才佳。”

原来，“润物细无声”的柔和有时比暴风雨更有力量。柔和不是软弱，而是一种不急不躁的性格与心态；柔和也不是退让可欺，而是一种水滴穿石的坚韧。自然生物中的这种规律后来被心理学家所发现并利用，总结出人际沟通中的著名定律——低声效应。

这种“低声效应”起源于美国教育心理学，研究人员发现，从谈话方式的角度来看，低声的交流比高声更容易达到说服他人的效果，专家把这种现象称为“低声效应”。后来人们在儿童教育中发现，面对哭闹的孩子，家长越是高声训斥，孩子哭闹得越厉害，更有心理学专家指出，孩子的哭声是随着家长嗓门的提高而变大的。

这种沟通规律很好理解，当人们低声平和地讲话时，无形中便营造出一种促膝谈心的良好氛围，让人们感觉到我们自身的理智，促使对方也保持理智，从而更容易接受一些哪怕是批评的观点；如果满怀怒气地提高嗓门，即使再占理的事，也会让说话双方都感到气躁心烦，导致对方不耐烦地回应。另外，从物理学的角度来讲，说话降低分贝，势必会让听者集中精神捕捉重要信息，为良好的沟通打下必要基础。

然而，在现实生活中，很多人都以“理”作为谈话的依据，却忽略了“礼”的感性作用。公说公有理、婆说婆有理，不分时间、不讲场合，只有一条，理直，就一定得气壮，好像声音越大、气势越强、语气越坚定，就越能说明自己是有理的。以至于最后发展到寸步不让、吼声震天，甚至剑拔弩张，仿佛争的不是一个“理”，而是嗓门。

其实，若是任何一方感到理亏或是“礼”让，相信许多冲突自然而然也就化解了。更重要的是，通过上述研究发现我们应该懂得：有理不在声高。心理学家认为，无声语言所显示的意义，比之有声语言要深刻得多。曾有国外的心理学家还就此列出了一个公式：人与人之间的信息传递 = 7%语调 + 38%语气 + 55%表情。也就是说，在人际传播中，“无声语言”几乎占了绝大部分，这就包括表情、肢体、语音语调、表达方式，等等。

诚然，与人交往中难免会有摩擦和矛盾，无论是调解也好沟通也罢，前提条件就是要在平等、尊重的基础上，认真倾听对方的观点，然后再充分表达自己的意思和情感。这里的“充分”绝不是指声音的充分，而是“道理”的充分。可以争辩，但绝不是争吵；前者以声压人，后者以理服人。有理更要有“礼”，少一些野蛮，多一些理智。这才反映了沉着与克制的品性，谦和与忍让的美德。

1930年2月，左翼作家冯乃超在《拓荒者》中骂梁实秋为“资本家的走狗”。然而，得到的回应却是简单又洒脱：“我不生气。”

梁实秋向来是一个会说话的人，且颇谙“论证心理学”。他曾写过一篇文章，题目叫《骂人的艺术》，行文酣畅又不失尊重，挥洒自如又少有气躁：

“骂人最忌浮躁。一语不合，面红筋跳，暴躁如雷，此灌夫骂座、泼妇骂街之术，不足以骂人。善骂者必须态度镇静，行若无事。普通一般骂人，谁的声音高便算谁占理，谁来得势猛便算谁骂赢，唯真善骂人者，乃能避其锋芒而击其懈。你等他骂得疲倦的时候，你只消轻轻地回敬他一句，让他再狂吼一阵。在他暴躁不堪的时候，你不妨对他冷笑几声，包管你不费力气，把他气得死去活来，骂得他针针见血。”

当然，这不是教人骂人，而是从中我们可以看出，一个懂得揣测人心理、掌控好情绪的人，才能生活得时时事事顺心。

我们要学会控制情绪。对于自己千变万化的个性，切不可听之任之。即使在自己占理的时候，也需要沉住气，不要大呼小叫地面对“犯错者”；相反，用心平气和的态度去解决，往往能取得事半功倍的效果。

美国有一个非常有名的飞行员，名叫胡佛，他的胆识过人、技术一流，有过多次飞行表演的经验。这次的外宾来访，仍然由他去完成。

出乎所有人意料，飞机在返回的途中发生了意外——在飞机降落到距离地面300米高空的时候，胡佛发现飞机的发动机突然熄火了，这几乎意味着机毁人亡。

极为幸运的是，在这样的情况下，胡佛凭借高超的技艺和过人的胆识，仍然把飞机安全降落在机场。此时，飞机已是严重损坏，万幸的是人员安然无恙，只是受点刮伤。走出飞机驾驶位置的胡佛立即对飞机做了检查，结果发现造成事故的原因，是因为机械师把燃料加错了。

下了飞机，胡佛立即要求见一下那位帮他维修飞机的机械师。包括机械师本人在内的所有人都以为，胡佛肯定要狠狠地痛骂他一顿——这么大的失误，不仅让这架造价昂贵的飞机损失惨重，而且差点让胡佛一行一命呜呼。

可是，再次出人意料的事发生了：胡佛见到那位年轻机械师后，走过去揽住机械师的肩膀说："为了相信你不再出现这样的情况，明天要起飞的F-16还要麻烦你来维修。"

还沉浸在紧张、沮丧、痛悔情绪中的机械师听到了这番话以后，简直不敢相信自己的耳朵，直到胡佛离开后他还没醒过神来。自己犯下了这么大的错误，几乎是不可原谅的，而胡佛只是寥寥几句的批评，就又重新给了他一次机会。

这次终身难忘的教诲，比起得理不饶人的大吼大叫，更能让人心悦诚服、记忆深刻。一切应以取得对方充分理解和接受为前提，自然也就不会在乎一时之情绪。可见，有理不在声高，不仅能够取得事半功倍的效果，更能体现一个人的品行境界。正如台湾作家刘墉曾经说过：“理直气壮和理直气和，后者比前者更能显出风度和涵养。”

静下来，才能看到明天

一句“静以修身，俭以养德；非澹泊无以明志，非宁静无以致远”，开启了以“宁静”而修身的先河。先人通过古书告诫后人，只有宁静才能够修养身心，静思反省。

在这个充满了浮躁气息的世界里，宁静就像是一泓温润的湖泊，化成雨，飘洒在人们心里，成为洗涤心灵尘埃的清泉。守住一颗宁静的心，才能听到花开、雪落的声音。即使时间再长，也会诞生出“非常”的奇迹。

20年前，美国一家园艺所贴出一则有奖启事：高额征求纯白金盏花。许多人纷纷尝试，但由于培植的难度，20年间竟没有一人培植出白色的金盏花。

就在园艺所不抱什么希望的时候，有一天，突然意外收到一封热情的应征信和一粒纯白金盏花的种子。信中说，20年前的那则启事对于一个地地道道爱花之人来说，简直让她激动万分。于是，她撒下了一些最普通的种子，精心侍弄。等到一年之后金盏花开，她从那些金色的、棕色的花中挑选出一朵颜色最淡的花，任其自然枯萎，以得到优质的种子。然后，她又把种子种下去，再从由它开出的花朵中挑选颜色更淡的花种来栽种。日复一日，年复一年，春种秋收，周而复始，她的丈夫去世了，儿女远走了，生活中发生了很多的事，但她一直在静静地等待着白色金盏花的开放。

终于在20年后的一天，她在那片花园中看到一朵金盏花，它不是近乎白色，也并非类似白色，而是如银如雪的白。就这样，一个连专家都解决不了的问题，在一个不懂遗传学的妇人长期的努力下，最终迎刃而解。

曾经那么普通的一粒种子，也许谁的手都曾捧过，却因为少了一份以心为圃、以血为泉的培植与浇灌，才使得自己的生命错过了一次最美丽的花期。沉静是一种耐心，是一种矢志不渝的坚持，即使最普通或者再艰难的种子，种在心里，培植以心血，也会如愿地发芽、开花。

歌德曾说："只有两条路可以通往远大的目标：力量与沉静。力量只属于少数得天独厚的人；然而苦修的沉静，却艰涩而持续，能为微小的我们所用，且很少不能达成它的目标。"困难在沉静的心灵面前就如纸般脆弱，坚持这种心境，成功就在不远处。

民间有句谚语：心静自然凉，这是多么朴素而又深刻的道理。面对混乱或危机的时候，我们要学会把浮躁的心安静下来，这样才能为机遇的到来积蓄力量。一旦放慢了内在混乱状态的活动速度，外在的生活自然也就慢下来了。让浮躁的心情沉寂下来，让焦虑的头脑安顺下来，让纷杂的思绪舒缓下来。滴水不求朝夕之效，故能坚持到穿石的日子；穿石之后，依然平心静气，保持着自己的步伐，这就是一种恒久的定力。

美国前总统里根就是这样一个能够沉下心来，踏实努力，最终迎来不一样的明天的人：

里根出生在一个并不富裕的家庭，全家四口人只靠父亲一人当售货员的工资勉强度日。后来父亲又被商场解雇了，这给本来就拮据的日子带去了更沉重的压力。从小里根便知道，他要不可避免地面对家庭经济的困境。

还在上小学时，里根就和哥哥一起，帮着母亲在大学足球场边卖爆米花，他们一边卖爆米花，一边看球。兄弟俩和球员们混得很熟，时常能收到一些他们用不着的东西。到了上中学的时候，为了积攒学费，13岁的里根每周六下午和周日都要去附近的建筑工地当临时工，干一些搬砖、运水泥的活。整个周日一整天，干足10个小时才能挣35美分。饿了就啃干面包，渴了就喝自来水，别的同学在看电影、旅游，而他却在工地上流汗。就这样，里根中学和大学的学业，几乎是半工半读完成的。每当感到生活的艰难，或者受到他人的嘲弄，里根都不以为意，他知道自己没有多余的力气和精力去计较这些。他要求自己一定要静下心、沉住气，等待着机遇的到来。

生活的艰辛磨练了里根的意志，培养了他的信心。大学毕业后，里根决定去电视台找份工作，然后再设法去做一名体育播音员。于是，里根搭便车去了芝加哥，开始去敲每一家电视台的门，但每次都碰了一鼻子灰。甚至他退而求其次想给一家体育专柜打工，也没能如愿。

就在这时，母亲的一句话让里根又有了动力，她对里根说："别急，好运总会到来的。"里根重整精神，搭车前往70公里外的特莱城。在那里，有一家WOC电台，听说节目部主任彼特·麦克阿瑟是位很不错的人。

可是，连这次机会都不愿意垂青于他：麦克阿瑟告诉里根，他们已经雇用了一名播音员。

当里根转身想要离开时，他眼角的最后一丝余光瞥见了麦克阿瑟的神情，好像欲言又止有些犹豫，里根知道，他的机会来了。于是，他大声地说道："要是不能在电台工作，又怎么能当上一名体育播音员呢？"

果然，就在里根已经走出办公室等候电梯时，突然听到了麦克阿瑟的叫声："你刚才说什么？你懂橄榄球吗？"接着，他让里根站在一架麦克风前，凭想象播一场比赛。

人生沉下去那么久，是为了有朝一日浮起来。里根在一群陌生人面前，滔滔不绝地开始展示自己的口才……

由于出色表现，里根被录用了。在回家的路上，他想到了母亲的话："如果你能够沉住气，能够吃苦，而且外加自己的勤奋努力，好运总会有一天来敲门。"

的确，那次经历成为了里根人生旅途中的新起点。它使里根懂得，一个人只要能够沉得住气，能把握住自己的心，就可以走出去敲开那一扇扇机会之门。此后，无论遇到什么事情，里根都尽可能地让自己静下心来，不去计较生活中的琐碎和困厄，为自己日后的成功奠定了很好的基础。

无论世事变幻，无论身在何处，静下来，才有可能听到心灵的声音；静下来，才有可能看到不一样的明天。在宁静的天空里，我们的世界与他人无关。宁静的心灵总是辽阔而宽广，不浮不躁，不争不抢；不去计较浮华虚伪，不去抱怨世事人情。舞自己的节奏唱自己的歌，听长久之音，做长久之事。

慢一点，也会有你的世界

QQ浏览器曾经推出过这样一篇宣传文案：“我要的立刻就要。”图文并茂的表现力对当今80、90后年轻一代的整体把握很准确，“抖脚”“按笔”“咬指甲”等类似的动作正是现在年轻人在着急与不耐烦的情境中下意识的感情流露。“我不耐烦，我要的立刻想要”，想成功、想实现自我的急切心态，淋漓尽致一览无余；“能快则快，废话不说，废事不做，废时不候”，这就是这个时代，也是对年轻人群的洞察。

然而，很多人看了这样的文案之后，表示更加焦虑。在梦想面前立刻出发，这一点毋庸置疑。然而，在勇于追梦、立刻出发的行动之路上，也需要对生活更加细致的观察和体悟，也需要有慢一点的心态和智慧，在慢生活中沉淀下来的思考，反而会对追求梦想的快节奏之路提供帮助。快节奏的梦想、立刻出发和偶尔的慢生活之间，其实是有着哲学式的情商和关联的。快与慢，相辅相承才是大道，大开大合才是智慧。

不是所有的“快”都能带来效率，也不是所有的“慢”就都没有出路。好比昙花一现，虽然一瞬间的美丽惹人怜爱，却总因刹那陨落而难以在百花争艳中彰显芳容；参天古树往往都枝繁叶茂，岁月愈长久主干愈挺拔，只因它不急于一时的汲取，百年根基，扎深扎稳，才有了不畏暴风骤雨的威严。

漫漫人生路上，无论你的脚步有多快，也都无法预知下一站的风景会是什么。与其辛苦追赶，不如恬淡安然地按照自己的节奏去行走，享受一路上的山川花草、曲水流觞，享受闲淡时的一杯清茶，热烈时的一个拥抱，在色彩缤纷的过程中构画每个人不同的世界。

如今的很多时候，“快”是为了不落下，“赶”是为了不失去。仔细想想，我们真的清晰地知道什么是“你的世界”吗？或者说，大体上每个人都有两个世界，一个是“你”的世界，另一个则是“别人希望你”的世界。我们总要紧跟别人的脚步，追赶时代的节奏，总怕一不留神就失去了整个世界。

你我皆行者，各自有天地。有人说，世界上只有一种成功，就是以自己喜欢的方式过一生。你可以不去学应酬、赶场子；可以不去违心地迎合，委屈地服从；可以不像同龄人那般“成熟”“上进”，不随便以一种基调定格人生；你可以像她一样，只喜欢简单一点的慢热生活——同样，她会有她的天地，你会有你的世界：

“二十几岁的我就这样慢热地生活，二十岁才考上心仪的大学，二十五岁才找到相对稳定的工作。很多与我同龄的女孩子都开始步入婚姻的殿堂，开启人生新的篇章，而我才刚刚像一个职场菜鸟似的，一边工作一边学着怎样为人处事。”

“老妈因此总是一副着急焦虑的样子，隔三差五就买来本《二十几岁决定女人一生》的书，指着我的头说，你看看你都干了些什么。有人说，二十岁碰不到好男人就不能在三十岁前嫁个好丈夫，你要赶紧；有人说，二十几岁趁早把孩子生了，反正都要生，早生早恢复，孩子也好养；有人说，二十几岁不打扮，等嫁人生孩子了就更没有机会打扮了。”

“这些说的都对——但是，我就是不想如你们期待的那样活着，我喜欢按照自己的节奏谱曲，喜欢这样慢热地生活。”

梁漱溟先生有本书叫《这个世界会好吗》，其中的一段话说到了人生的根本：人类面临有三大问题，顺序错不得。首先要解决人和物之间的问题，接下来要解决人和人之间的问题，最后，则要解决人和自己内心之间的问题。

的确，身处凡世，从小求学到三十而立，谁不是在解决让自己有立身之本的人与物之间的问题？没有学历、工作，没有钱、房子、车子这些物的东西，凭什么在三十而立？之后，为人父为人母，为人子女为人夫妻，为人上级为人下级，为人友为人敌，人与人之间的问题，谁又能不认真而辛苦地去面对？

但是，随着人生脚步的前行，走着走着，那条生命终点的横线便依稀可见。终究，人们要面对自己的内心，你是谁？你的世界又是什么？而这种面对，在纷繁复杂的今天，让忙碌的人们无暇思考。而这，是我们都需要的答案。

❈ 青春就是要“慢慢熬”

很多时候，我们不是没有时间等待，而是害怕放慢脚步，害怕因为等待而浪费了青春。急于求成、急功近利，以为没有了等待，前进的步伐就会走得快一些。

然而，从生命孕育的那一刻开始，它就是过程的进行时，不该以过于急躁的心态去苛求结果的完成。耐不住过程中的循序渐进，守不住现实中的脚踏实地，结果只能事与愿违。

一个乡下人在离市区较远的村庄批发了整整一车西瓜，专门借了辆拖拉机，准备运往城里，希望能卖个好价钱。

村子里不像城市的街道都铺了柏油路，从村口出来，一路上坑坑洼洼、弯曲不平，让这个不是本村的乡下人有点摸不着正道，心里没底儿。于是，他停下车，向路边的一位老农打听，这里离大路还有多远。

老农看了一眼他身后满车的西瓜，答道：“慢慢走，再过10分钟就能到大路了。”老农不放心，又补了一句：“但是你千万别着急，赶快了倒不好了，不但浪费你更多时间，甚至有可能这一趟你都白拉了。”

“这是什么道理？”乡下人心里默默想着，疑惑不解。

想着老农说还有10分钟就能上大路了，乡下人心里高兴得完全不顾老农的建议，开足马力嘟嘟嘟地提速前进。不料还没走几米，拖拉机的车轮就撞到了石头上，装满西瓜的车猛烈地摇晃了一下，西瓜滚落到地上一大半。由于车速的冲击力太大，轮胎也被锋利的石头尖划破了。

无奈，西瓜赔本不算，还要修补轮胎。乡下人在这前不着村后不着店的路上折腾了很久，直到天色渐黑，才算弄好。此时，老农的话回响在耳边，乡下人才如梦初醒，恍然大悟。

很多人总以为只有速度越快，到达目的地的时间就越早，在应该耐心等待的时候选择了匆忙的行动，不顾一切地向前冲，弄得浮沉扰攘、心烦气躁。殊不知，生命的过程本就是一个漫长的行走，哪能奢望一步到位？其实等待本身就是行走中的一个环节，有时甚至比行走本身更重要。只是有些人等得急躁，有些人等得充实，不同的心境决定了不同的命运。

有一本心理学小品读物《少女布莱达灵修之旅》，是巴西著名哲理作家保罗·科埃略写就的，他在其中有过这样一段精辟的见解：“对人生，有两种不同的态度——建造或者耕耘。建造者实现目标可能要花费多年，但终有一天会完工，那时他们会发现自己被困在亲手筑成的围墙里，在收获的同时，生活也失去了意义。选择耕耘者则需要经受暴风雨的洗礼，应对季节的变换，几乎从不歇息，他们允许人生充满不考虑未来、不考虑收获的冒险。”

建造者时刻关注的是，自己离目标还有多远，眼下所做的每一次努力会给自己带来多大的收获；而耕耘者则认为，耕耘的过程本身就已经收获了，所以他们不着急，不慌忙；不计辛劳，不问收成，倒是获得了许多心理上的满足。

如今，很多孩子从小就被灌输一个观念，一定要努力抓紧把书读完，最好博士毕业，再去找份好工作。从表面看，这样的教育好像是安心学习、沉得下去的体现，其实越到后面这书读得就越浮躁：花钱求人找代笔，投机取巧写论文，费尽心机上杂志……说来说去，还是太急，经不起岁月的打磨，熬不住青春的历练，以至于颠倒了许多自然规律，变成了当下青年人的选择，先成功后成长，先找工作再找兴趣，先出人头地再寻找自我。回想一下，我们听到过多少这样的抱怨：“这份工作让我感觉迷失了方向，不知道自己到底适不适合这份工作？”但当问及他自己到底喜欢做什么的时候，得到的却是嗫嚅许久、答不上来。原来，比“不能从事自己喜欢做的事”糟糕一百倍的，是根本“不知道自己喜欢做什么”。

相比之下，国外年轻人经常发起的“间隔年”，反倒更容易找到属于自己的生活。一个澳大利亚女孩在大学毕业后去当地电视台做了两年出镜记者，后来停下工作去欧洲游历了一年。回来后，又报考并念完了一个哲学和一个经济学的硕士学位。没过多久，她就去了非洲做义工。等她回来和她一位大学师姐成为一项名叫“人权”研究项目的搭档时，她已经34岁了。

很多人都不理解她的选择，问她读完硕士为什么不直接继续读博士?

“我在生活中发现一个新的兴趣点才跑来念一两年书，但这些兴趣的程度都没到博士那么深入，而博士研究的方向很可能是一生的志向。”

“那你毕业后都36岁了，做什么呢？”

“我现在似乎还不能确定。”

读书深造未必是为了找到更好的工作，游历世界也未必是“过渡阶段”；个人阅历的增加，视野的扩大，以及自我成长的完善，在更大的世界中发现自己身上的更多可能性。生命本来就是个沉淀的过程，又何必急匆匆地往学位、工作的阶梯上爬呢?

如果你时常参加当今社会上颇为普遍的文化沙龙，或者名人讲座，就会发现，在最后的提问环节，几乎很难被错过的一个问题就是：“××老师您好，请问您对当代年轻人有什么看法和建议？”

据一些讲演者众口一词的抱怨，这几乎是令他们最反感、最厌倦的问题。冷静下来想，也许这个问题背后隐藏着一个连提问者自己都很难意识到的心理成因：请告诉我们如何才能像您一样出人头地、取得成功。

一位学者感叹：“一个年轻人恳请一个老东西教自己如何面对新鲜世界，荒唐吗？”陈丹青就曾经忍受不了这样的状况，干脆说，爱干嘛就去干嘛，关我什么事？你们好不容易生在一个可以自由选择的时代，却还想让别人指导你该怎么活。

他在给贾樟柯的书写序时说：“我们都得一步一步救自己，我靠的是一笔一笔地画画，贾樟柯靠的是一寸一寸的胶片。”

是啊，漫漫长途，怎么可能有条一马平川叫作“成功”的路供你走呢？喜欢什么、该做什么、走什么样的路，难道不是循着内心的声音一步步试错、摸索出来的吗？谁的人生不是如文汤一样一点一点熬出来的？走岔了就退回来，走得急就慢一些。那些我们曾经做过的温暖而可爱的小事，就是成功。真正令我们感到自己存在价值的，是那些实质性的东西，而实质注定需要过程。

在人生的道路上，一个心浮气躁、缺乏耐性的人，往往会因小失大，因为眼前的芝麻而错失远方的西瓜。缺乏一时的耐心，往往会用一世的耐心去弥补。如果熬不住等不及，就有可能永远熬不出等不到。

花落自有花开时，真正懂得生命的人，是用心感知每一分每一秒，脚踏实地过着此刻的生活。纵使霉运连连不如人意，纵使一个个棘手的问题摆在面前，一个能在烂摊子面前把线索一点一点拾起，耐心做好该做的，把成败置之度外的人，其实更容易一不小心就走得很远。那么，他所完成的任务，所成为的自己，所得到的成就，都是刻在骨子里平实而非耀眼的快乐。

Chapter6
但行好事，莫问前程

托尼·罗宾斯说：“识别你所面对的问题是什么，你就有力量与勇气去解决它。”每个人的成功，都曾是在他们青春里呐喊过，失望过，彷徨过，失意过，却从未放弃的对理想的坚持。急功近利地追逐，往往会忘了初心；沉下心去做事，待积之久矣，自然水到渠成。

❁ 人总要有一点尝试的勇气

有一部反映对自由追求和人性回归的影片，里面一句台词不知触动了多少人的心："总算试过了，起码，我试过了！"

一个宁可躲进疯人院的流浪汉麦克默菲，是这里的主角。

麦克默菲本来是一个健康没病的人，只不过为了不受饥苦，便混进了疯人院。谁知精神病院里的生活枯燥乏味至极，让麦克默菲忍无可忍，生性幽默机灵的他常常违抗医院的命令。

这天，所有的病员如往常一样，准备接受护士长拉奇德小姐的心理治疗。就在这时，麦克默菲一声"报告"，把所有人都吓了一跳。他说，白天有世界棒球锦标赛的实况转播，而心理治疗可以调整到晚上再进行。

拉奇德小姐当然不会同意，她严肃地对麦克默菲说："你要求的是改变一项经过仔细研究后制定的规章制度。"

麦克默菲却狡黠地笑笑："小小的改变没有害处。"

"可是这样，会让有些已经习惯了这样作息制度的病人感到不舒服的。"

麦克默菲也不让步：“这是四年一次的世界棒球赛，比赛结束以后，还可以改过来的。”

拉奇德小姐一时语塞，像是退让了一步：“好吧，让我们进行一次民主表决，按多数人的意见办。”

这种民主的方式是麦克默菲十分赞成的，“好极了！”他第一个高高地举起了手。紧跟着，病员切斯威克也举起了手。泰伯也想把手伸出来，却一眼遇到了拉奇德冷峻的目光，吓得马上把手又缩了回去；马蒂尼手刚举起，吓得停留在头顶，装着抓痒；塞夫尔把手放在胸前，两眼看着周周，若是大多数人都举手他就举。虽然大家都想看球赛，但相比于拉奇德小姐的威严，他们还是退缩了。

拉奇德小姐得意地宣布：“只有三票。对不起，不能按你的意见办。”说完，转身向办公室走去。

麦克默菲十分愤慨：“这就是你们的作息制度？！我可要进城去看棒球赛，谁愿意和我一起？”

只有切斯威克依旧紧跟，举起手来：“我跟你去！”其他人都纷纷劝说：“麦克，你出不去的。”

麦克默菲才不会就这么轻易放弃，他指着屋子中间的水泥墩对众人说：“出不去？我要用它砸碎窗户。”

马蒂尼走过来，安慰似的拍拍麦克默菲的肩膀，憨憨地说：

“你举不起它的。”

麦克默菲搓了搓手，使劲抱住那个水泥墩，只见那个大块头一动没动；再一次憋足了劲用力，还是动不了。突然，麦克默菲大声叫起来：“去他妈的，无论如何，我总算试过了，起码我试过了！”

虽然麦克默菲最后什么都没留下，甚至连原本健全的身体都“被治疗”而躺在床上，但影片结尾处才是他真正留下的意义：“酋长”齐弗抱起被做了额叶切除手术的“白痴”麦克，一边泣不成声地说“我一定会带你离开这里”，一边不忍再看到朋友忍受折磨而用枕头将其闷死。随后，齐弗来到浴室，再次抱起麦克墨菲的“遗愿”——沉重的压力水箱，砸坏了医院的铁窗，引导着麦克墨菲的灵魂离开了疯人院。

那一刻，麦克墨菲的“传说”终于变成了现实。

若把人生拉长来看，有很多事情的价值不在于结果，而是付出。不管能留下什么，至少尝试过，经历过，就已经是给了自己一个答案。此时的能不能不再是天平的秤，敢不敢，敢不敢抱着一份“起码我试过了”的心态，心无杂念地去为前面的路而“探道”，才是能在心灵中感光的最有美感的胶片。

很多人总是认为结果也好回报也罢，都是和天赋有关的。那些取得非凡成绩的人，是因为他们本身就具有“天才基因”或

“天才属性”。实际上，心理学家K·安德斯·埃里森指出，因为惧怕失败而不去努力付出，即使有2%的灵感，也将变得没有丝毫意义。

埃里森和他的同事们比较了业余钢琴家和职业钢琴家。同样的规则中，童年时期，业余钢琴家每周弹琴从未超过3小时，到20岁时他们的累计练习时间是2000小时。与之形成对比的是，职业钢琴家稳步地提升每年的练琴时间，到了20岁时，和小提琴演奏者们一样，他们累计练习时间已经超过1万个小时。

在埃里森和同事的研究中，并没有发现任何“天赋”的影踪，比如当同龄人都在苦哈哈地练琴时，谁也不能毫不费力地就达到了很高水平。在有了98%汗水的基础上，那2%的灵光才有可能会闪现。

对于努力尝试的人，从来不会有某种谴责让他感到难过。科学家卡莱尔曾经说过：“要迎着晨光实干，不要面对晚霞幻想。”人不能只沉迷于美好和远大的理想之中，更要持续不断地坚持，一步一步地执行。不要因为害怕失败就不去开始，从说到做，是质的跨越，就像从0到1的距离，往往大于从1到100的距离。

❈ 别让想法变成说说而已

拿破仑说：“想得好是聪明，计划得好更聪明，做得好是最聪明的。”要“做”求成功，而非“坐”等机会；虽一字之差，却谬之千里。这让人不由想起一个笑话，老套却实在：

很久以前，有个虔诚的教徒，几乎每天都到教堂去祈祷，而他每次的祷告词也几乎一模一样。

这天，他来到教堂跪在神像前，双手合十低头默念：“上帝啊，请念在我多年来敬畏您的份儿上，让我中一次彩票吧！阿门。”

没过几天，他又来到教堂，这一次，他显得有些垂头丧气，但他仍然跪着祈祷说：“上帝啊，为什么我就中不了彩票呢？我愿意更谦卑地来服侍您，求您让我中一次彩票吧！阿门。”

又过了几天，他再次出现在教堂，同样重复着他的祈祷。如此周而复始，不间断地祈求着。到了最后一次，他跪着：“我的上帝，为何您不垂听我的祈求？让我中一次彩票吧！只要一次，让我解决所有困难，我愿终身奉献，专心侍奉您……”

就在这时，圣坛上发出一阵宏伟庄严的声音：“我一直在垂听你的祷告，可是，最起码你也应该先去买一张彩票吧！”

是啊，想中奖至少该先买张彩票吧？或者说，想要梦想成真，总该先为梦想行动起来，去做点什么！这个世界总是以一个人的行动来确定他的价值，除非我们付诸行动，否则一切的一切都毫无意义。

实际上，很多人并不是倒在追求梦想的路上，而是停在梦想成真的行动力上。“慢慢来”的前提是总要有一个开始，否则只能一辈子活在对别人的羡慕之中，最后只有一个由无数“想想而已”“说说而已”组成的乏味空洞的人生。

拥有数亿美元保险帝国的W.Clement Stone在管理企业时，有一套自己独特的方法：每天早晨员工全部到齐后，他要求包括自己在内的所有人在开始工作前大喊三声“现在开始！”然后再投入到当天的业务处理中。在工作中，一旦觉得自己变得懒散但又还有必须做而没做完的事情时，不妨停下来大声说“现在开始！现在开始！现在开始！”

对此，W.Clement Stone解释说：“从我自己的亲身经历看来，拖拉的代价是巨大的，因为每一次重新回到工作状态时，无形中都要增加很大的时间成本。思考和计划固然重要，但行动更重要；思考和计划不会让你得到报酬，只有工作成果才能。

当你犹豫不决的时候，大胆行动吧，就像它根本不可能失败一样。”

很多时候，我们的行为和自身的语言表达总是不在一个频率上，虽然这并不是故意的，甚至是我们自己都没有意识到的，但事实上，语言表达的确很容易被人忽略或者遗忘，只有行动，让人无法无视它的存在，给人以力量感。一次实实在在的行动，有时甚至可以抵过十次反反复复的述说。

雄心是成功的起跑线，决心是起跑时的枪声，而最终是否能撞到终点线，获得成功的锦标，全在于我们是否立即行动并全力到底。科学家卡莱尔曾经说过：“要迎着晨光实干，不要面对晚霞幻想。”这句话形象而准确地告诉我们一个道理：如果今天不去行动，就不要指望明天可以收获成果。许多伟大的想法最终都逃不过流产的命运，只因败在“行动”这个环节上。只有沉下心来，持续不断的坚持，一步一步的执行，才有可能收获预期的成果。

豆瓣的温暖励志红人Meiya在她的新书里分享过这样一个故事：

有个北京的小伙子想去德国柏林看女友，选择仅仅依靠陌生人的帮助，一路“搭便车”的旅行方式，历经16000多公里、13个国家，穿越中国、中亚和欧洲，直到柏林。最后在柏林的广场上偶遇了自己的女友，与她紧紧相拥。这件事不仅录制成纪录片在旅游卫视播出，还出了一本名叫《搭车去柏林》的书。小伙子说过这样一句话："有些事，你现在不做，永远也不会去做。"

这个世界并不缺少故事，也不缺少感动。缺少的是感动之后的行动力。有了知，而无行，知识永远是知识，故事还是那个故事。很多人都说现实束缚了自己，其实在这个世界上，我们一直都可以有很多选择，生活的决定权也一直都在自己手上，只是我们自己缺乏行动而已。

行动，能够使人获得自信。在没有任何尝试之前，怎么就知道它"没有意义"呢？太过于纠缠"意义的大小"而瞻前顾后，是很难有活力和创造力的。给自己一次"高峰体验"，通过投入、行动和努力，从中体验诸多阶段性的成果，获得一种夹杂着完成、荣耀、自我肯定在内的极度兴奋感，使自己摆脱怯懦和自卑，享受成功和快乐。

与其反复地盘算，不如强迫自己有目标的行动起来。试着调动全身心的力量，认真努力地完成一件事，让自己感受一把驾驭生活的快感，唤醒心灵对生命的热爱。记得，没有哪一次的行动会带来100%的失败。哪怕遇到阻力，只要朝着正确的方向继续走下去，旅途就会越来越轻松。最终，那个只存在于头脑中的虚幻想法就会在现实中变成可能。

但问耕耘，不问收获

“溪水清清下石沟，千弯百折不回头。一生治学当如此，只计耕耘莫问收。”

这是中国著名的经济学家厉以宁先生1955年自北京大学毕业时写下、用以自律的七绝。即使在那个特殊的年代，厉老也始终坚持勤奋学习，刻苦钻研，“只计耕耘莫问收”。事实上，也许包括厉老自己在内，当时谁也无法预料他所钻研的市场经济理论最终的结果是什么，今后又有什么用，但就是因为一句“只计耕耘莫问收”，最终让他取得了比常人更大的“收成”！

后来，厉以宁先生的身份变了，成为了北京大学光华管理学院名誉院长、博士生导师；第八、九届财经委员会副主任；第十、十一届全国政协常委、经济委员会副主任，但他始终没变的，是一生严谨求实、不计收成的治学态度，让世人无限敬仰。

古今多少大家，没有急功近利的想法，没有斤斤计较的得失，总是从容不迫，埋头苦干，但问耕耘，不求收获。等到积之久矣，自然水到渠成。

我国著名科学家钱学森对于国内外的诸多荣誉看得十分淡漠，上世纪八十年代，美国科学院和工程院曾先后邀请他去美国，拟授予他美国科学院院士和工程院院士称号，均被他拒绝。他说："我作为一名中国的科技工作者，活着的目的就是为人民服务。"钱学森是这样说的，也是这样做的，他用一生来实践着这个平凡而伟大的诺言。

青年时代的钱学森就怀着学以致用、报效祖国之志出国留学，当真正学有成就，声名海外时，钱学森又奋力争取回国。

回到祖国的几十年，他勤奋工作，将自己所学知识全部应用到了国防科技建设上，甚至高龄卧床时，也时常思考一些国家建设中的大事。面对晚年的众多荣誉，他或者请辞，或者婉拒，并时常感叹"自己对祖国人民做得太少，而人民给予的太多了"。

只有心中纯明而无所杂念的人，才会但求耕耘，不问收获。他们心中只有一个简单的想法：我有一片土壤，一个梦。然后便心无旁骛，不管挥汗如雨、疾病困苦，只是始终如一地去耕耘。

生活就像是播种，处在天地之间的我们就是农夫，每一分辛劳都是一种耕耘。随着春夏更迭、秋冬流转，我们头顶上的这方天地或丰收或孕育，带给我们历尽劳作后的百感交集。这其中蕴藏着几条道理，浅入深出，回味无穷：

比如种瓜得瓜，种豆得豆。生活中万事万物都讲求一个因果，想要收获什么样的果实，首先就要播种什么种子，不管是苦是甜，都是我们自己亲手所种。不要抱怨他人，自己的生活就掌握在自己手中。想清楚要什么，在成长的过程中，学会为自己的生命负责。

同时要明白，播种过后要给种子生长的时间。这并不是说我们做了无用功，相反，你必须认真播种，仔细耕耘，来日才有可能收获。这需要时间，没有一夜降临的成功，永远别奢望今天刚付出努力，明天就能看到成果——但是，要相信，这一天一定会到来的。

况且，收获和付出向来是成正比的。想要丰收满满，先问问自己种的种子够多吗？在没有开花结果之前，请先审视自己是否付出了足够的努力。

相传战国时期，有个精于射箭的侠士，有百步穿杨的本领，连大自然中的动物都害怕他的箭术，因此而名扬百里。

有个少年仰慕侠士的射术，决心要拜师学艺。经过几次三番的请求，侠士终于被对方的诚意所打动，同意收下这个徒弟。

起初，侠士交给少年一根很细的针，要他放在离眼睛几尺远的地方，每天盯着看。一连好几天，侠士没有再教徒弟别的。少年心里有点摸不着头脑，问侠士："师傅，我是来学射箭的，您为什么要我干这莫名其妙的事呢？这些时间要是用来练习射箭，那该多好！”

侠士看看少年，若有所思地说：“这就是在学射术，你继续看吧。”

没过几天，徒弟又有些烦了。他心想，我是来学射箭的，整天光看这针眼能成为神射手吗？徒弟甚至觉得师傅就是成心不教他真本事，索性不练了。

侠士见状，也没有过分斥责徒弟，又换了一个练习：让徒弟伸直手臂，手掌朝上，平端起一块大石头，每天不端够三个时辰不许休息。这样的辛苦让少年觉得离射箭还是很远，干脆找到师傅，婉转说明了他的去意。

侠士看着眼前的少年，深感他眼里只是一味盯着收获，而又不肯勤勉耕耘，不如随他去了。果然，这个少年到老也没有成为神射手。

曾国藩曾说：“但问耕耘，不问收获。”诚然，只重耕耘不问收获自然不是两全之法，但只要耕耘即刻收获也是很不现实的。收获是秋天的必然目标，但秋天的收获只有靠着从春天开始的耕耘才能完成，耕耘的多少和收获的多少成正比。有时，千帆过尽才守得云开；有时，置之死地才有后生。任何在生命中的经历都是馈赠的礼物，只是有些礼物包装比较粗糙，需要我们耐心将其一点点打开。张爱玲说，生命是一袭华美的袍，上面爬满了跳骚。不若这样说，只有忍得了对跳骚的厌恶，才有可能欣赏到礼服的优雅。

所以，当目标已定，需要的只有埋头苦干，积极耕耘。天道酬勤，只有不断地去耕耘，让农田感受到你的付出，那颗颗种子才能更有力地破土而出，而耕作的农人也在这个过程中体会到走向收获的快乐。

❈ 大胆地再往前走一步

一个青年驴友俱乐部去野外探险，误打误撞，走进了一个深山老林的山洞里。

起初，队长让大家不要慌，因为他们手上有火把，完全可以分组去找出口。然而，毕竟对地理环境生疏，加上山洞岔道繁多，两个小时过去了，他们仍然一无所获。

这时，队员手上的火把都燃烧殆尽了，周围瞬间一片漆黑。他们在伸手不见五指的山洞里惶恐不安，渐渐开始骚动起来。在一阵乱了分寸的摸黑寻找后，还是没有见到出口的光。

就这样一分一秒的过去了，这些青年从希望到失望，直至最后绝望地放弃了努力，不再动弹。

两天后，搜救队员找到了他们的尸体，只是位置是在离山口不过一百米远的地方。

他们并非没有在困境中付出过努力，只是这种努力没有坚持到底，没有在离洞口不到一百米远时往前再走一步。可以说，每个人在一定的时间里遇到一定困厄的概率是相同的，不同的，是各自面对困境时的态度。

更多的时候，往前再走一步，生命也许不会柳暗花明，但却会让我们感受到自由的希望；往前走出的一步，也许就是我们生命质量的另一层意义。

有这样一则登载在报纸专栏上的故事，被人们口耳相传、津津称道：

一个中专毕业的男孩，凭借自己在校期间的优秀表现，被破格推荐到一个研究所做收发工作。周围来来往往的都是硕士、博士，男孩自知学历水平，倒也没什么不平衡的，一心扎到自己的岗位上，工作得兢兢业业。

这个研究所是省级部门，在这里做收发工作也不是想象得那么简单。面对一大堆国外寄来的刊物和书信，男孩看不懂上面写的是什么，不知道该分发给谁，只能一次次地去问别人，问多了，自己也感觉不好意思。

为了不丢掉饭碗，他开始自学英语。一来二去，收发室的工作已经难不倒他了。那天，同事在一起聊天，无意中对他说了一句："你不如再加把劲儿，去参加英语自学考试吧。"

说者无意，听者有心，男孩想，要是真能学下来，好歹也算是个大专文凭。两年后，他如愿以偿。

这时，一次老同学聚会，大家纷纷羡慕夸赞他，说："既然专科都拿下来了，再努力一下，那你可就是大本了！”男孩没多想，就继续读了下去。

三年后，当他参加完本科毕业典礼回来后，收到了研究所工作调动的通知：他被调到资料室工作。

这对他来讲是个莫大的鼓励，想想自己从中专水平走到现在也真是不易，他在心里对自己说：“既然已经都努力到现在了，不如我再往前走一步，去读研究生？”不久，他果真收到了研究生的录取通知书。研究生毕业后，他再一次“向前迈步”读了博士。

如今，当年的小男孩已经是某地方一所重点大学的副教授。他用了二十年的时间，每次都往前又走了一步，他笑着和朋友们说：“我很清楚自己，并没有经商的才能，也不是什么胸怀大志的人，当时只不过是想，再往前走一步吧，看看前面是什么样子，没想到自己今天可以站在大学的讲台上。”

抱着“想看看往前再走一步是个什么样子”的简单想法，他一步步走来，看到了更多的风景，也明白了一个人身上其实蕴藏着甚至连自己都不知道的巨大潜力，能不能充分发掘，就看自己想走多远。

无独有偶，如今已是凤凰卫视金牌节目的《锵锵三人行》，当年却是一个被电视台边缘化的“小角色”。主持人窦文涛历经15年、4000期节目、1500万字文案，从时评到杂谈的转变，一路走来风风雨雨，成为如今国内播出时间最长的谈话性节目。凤凰卫视行政总裁刘长乐不掩赞誉，称《锵锵三人行》是“小百科全书”，这不仅是对节目内容的肯定，更是窦文涛一步一个脚印踏出的丰厚回报。

试想，如果故事中的中专生从进入研究所就把自己限定于巴掌大小的收发室，仅仅满足于不丢饭碗就行，那恐怕也就不会有后来的大学副教授；如果15年前的窦文涛仅仅将《锵锵三人行》限定于时评节目，没有紧跟时代需求而变化，也就不会成就一部“小百科全书”。有时，过早地设定框架反而会限制事物本来的发展。要知道，未来还长，不再往前走一步，怎么知道生命中还能创造出多少种可能性？

“世之奇伟、瑰怪、非常之观，常在于险远。”这些世间奇景是“非常之观”，也就需要“非常之付出”，比一般的路程再远一些，再进取一步，才有可能把事物更多的可能性充分释放出来，在发展探索中找到我们自身的价值以及生命的意义。

无论现在的你是身处困境，无法自拔；还是辗转徘徊，不知去向；抑或郁郁寡欢，苦等伯乐——不要着急，大胆地往前再走一步！也许是荆棘乱石，也许是阳光灿烂，也许是山穷水尽疑无路，也许是柳暗花明又一村。只是你要明白，往前再走一步本身，就是给未来一个永远的期待。

理性是不再渴望一蹴而就

被犹太人奉为经典读本的《塔木德》中有句名言：“别想一下就造出大海，必须先由小河川开始。”这和我们中华民族的古训“不积跬步，无以致千里；不积小流，无以成江海”有着异曲同工之理。犹太巨商大多是从最底层的工作开始做起的，报童、小贩、电焊工……不一而足。他们共同的特点就是，耐心将基础做实，一步一步向着自己的人生目标靠近。

宏伟蓝图固然魅力无穷，但它往往并非我们唾手可得。与其总是遥望远方模糊的风景，不如着手看清眼前的事情。

地产大亨王石在被问及“有什么建议给年轻人”时，他做了如下回答：“年轻人不要急于把职业选择和自己的终身目标联系在一起。就像我这样，当过兵，到深圳闯荡之前，当过工人，当过工程师，当过机关干部，虽然那时我不知道将来会做什么，但是无论做什么，喜欢不喜欢，我都认真做。你可以不感兴趣，可以当成临时的事情，但你也得把它做好。”

正如老辈人所说的那样：只有踏踏实实做人，认认真真工作，才能取得实实在在的成果。那些取得丰硕成果的人，并不是一开始便居于高位，更不是他们有一步登天的本领，而是通过踏踏实实的行动从基层干起，一步一个脚印地向前迈进。所谓心急吃不了热豆腐，奢望一步到位，最后只能迷失在各种选择各种诱惑中，经受不住途中的磨练和考验。反之，只有认识到眼下工作的重要性，体会到基层的充实，才有可能收获不空虚的结果。

作为央视主持曾经的“一姐”，王小丫可谓是功成名就。但大多数人看到的是她光鲜靓丽的人前，却鲜有人知在这之前起伏波折的经历。

大学毕业后，王小丫和当时千万大学生一样，经过千寻万找，被一家经济类报社录用为记者。可没想到，她每天实际的工作却是在办公室里抄写信封。这样千篇一律毫无技术含量的活儿让她起初也感到忿忿不平，但转念一想，自己还年轻，有的是锻炼的时间，谁也不是一步到位的。于是，她还是保持了上学期间的认真劲儿，一丝不苟的工作。

半年后，由于她的信封写得又快又好，工作认真负责，领导破例提拔她担任文摘版和理论版的编辑。

有了这段经历，王小丫更加勤奋、踏实地工作，一步步走向成熟，终于成为一名家喻户晓的著名电视主持人。

不要轻视自己所做的每一件事，即便是最普通的，也应全力以赴、尽职尽责地去完成。通往成功的道路向来都是呈螺旋或阶梯式上升的，只有一步一个脚印地往前走，成长的步子才走得稳，收获的成果才结得实。

从另一方面来讲，大目标往往都是由若干小目标组成的。之所以在现实中有很多半途而废的情况发生，正是因为那一蹴而就的高度让我们望而却步。换句话说，人往往不是因为失败而放弃，而是因为倦怠而失败。若是懂得把一个大目标拆分成若干个小目标，分步进行，逐级而上，那么既能增加成功的概率，也能给自己带来一个个小目标实现后的成就感。

1984年的东京国际马拉松邀请赛中，一举夺冠的是一位名不见经传的日本选手，山田本一。众所周知，马拉松比赛比的就是一个体力和耐力，而这个其貌不扬的矮个子选手又是靠什么独门秘笈取胜的呢？当记者采访他时，山田本一轻描淡写地说："我只是凭智慧战胜对手。"对此，外界一片唏嘘，都认为这个偶然跑到前面的选手是在故弄玄虚。

两年后，意大利国际马拉松邀请赛上，山田本一又一次获得了世界冠军。这一次，记者力邀他谈谈经验。性情木讷、不善言谈的山田本一回答的仍然是上次那句话：用智慧战胜对手。

这回记者在报纸上没再挖苦他，但对他所谓的智慧还是迷惑不解。

十年后，山田本一在他的自传中终于揭开了谜底，他这样写道："起初参赛时，我并没有发现这个秘密，而是像大多数人一样，把目标定在40多公里外终点线上的那面旗帜上。结果跑到十几公里时，我就疲惫不堪了，我被前面那段遥远的路程给吓倒了。后来我在每次比赛前都乘车把比赛的线路仔细看一遍，并把沿途比较醒目的标志画下来，比如第一个标志是银行，第二个标志是一棵大树，第三个标志是一座红房子……这样一直画到赛程的终点。比赛开始后，我以百米的速度奋力地向第一个目标冲去。等到达第一个目标后，我又以同样的速度向第二个目标冲去。40多公里的赛程，就被我分解成这么几个小目标轻松地跑完了。"

山田本一说的话不错。众多心理学实验让专家们得出这样的结论：当人们的行动有了明确目标，并能把自己的行动与目标不断地加以对照，进而清楚地知道自己的行进速度和目标之间的距离，人们行动的动机就会得到维持和加强，就会自觉地克服一切困难，努力达到目标。

在人生的旅途中，但凡稍微具有一点山田本一的智慧，沉下心来，像上楼梯一样一步一个台阶，把大目标分解为多个易于达成的小目标，踏踏实实地走好每一级台阶。那么，我们不仅能体验到成功的喜悦，而且一生中的懊悔和惋惜也许就会减少许多。要记得，没有一种付出，回报的是谴责。

把根深深地埋进土里

尼采曾说：“树之所以能长成参天大树，是因为它把根深深地埋入了土里。”大自然赋予了人类太多的象征，之所以有海纳百川，不在于大海本身的浩渺，而是因为它地势的低洼。事物发展的规律总是从小到大，从低到高，所以很多时候，我们需要脚踏实地地去积累，才有可能实现自己心中的梦想。

有个英文名叫“Dream”的“最励志保安”，就是通过自己的亲身经历告诉人们，他是怎样从一个名不见经传的前台保安，到腾讯研究院的产品经理。用他自己的话说，“职业无贵贱，只要努力，机会一定有。”

“Dream”名叫郝建一，和很多立志要去大城市奋斗的年轻人一样，大学毕业后，他来到了北京。在这个竞争激烈同时又机会众多的城市里，郝建一的目标很清晰，“先找最容易上手的工作，就不用向家里要钱了，然后再看兴趣，择机跳槽。”来到北京的第三天，郝建一就到了腾讯北京公司所在的物业部做了一名前台保安，这让他至少在北京先安顿下来。

对于这份工作的不易，比郝建一当初想的还要苦，每天最少要站7个半小时，有时超过10个小时，他的脚很快磨出了茧子。

就是这样，也没能磨灭郝建一的理想，他一直琢磨如何让自己变“强大”。读书，成为了他实现理想的第一步。工作再忙，郝建一都要抽出时间阅读，他把在学校时认为有用的教材都带在身边，起初主要是温习专业知识，后来渐渐发现产品经理这个职位很适合自己，于是便开始有意识地搜集、学习这方面的知识。

一年后，腾讯研究院的一名负责人找到郝建一，半开玩笑地问他，要不要来做数据标注的外包工作。凭借着电脑的熟练操作和计算机的相关知识，郝建一通过了层层选拔，正式成为了腾讯的一名外聘员工。

不到半年后，郝建一又从基础的数据标识岗位，一跃成为了腾讯输入法组的产品经理。他一直都知道自己想要什么，在做什么。在郝建一看来，自己能有今天，90%靠努力，10%靠机遇。他相信，只要努力，机遇就一定会有，关键在于目标够不够明确，行动够不够坚决，付出够不够多。

很多颇有成就的人都是由低处做起，从小事着手。为了有朝一日的“高就”，他们懂得时间的优化组合，心甘情愿把重心放低，天天有进步，月月有提升，年年有改变，最终一步步走向成功的彼岸，而这是放之四海皆准的道理。

美国著名作家马克·吐温就曾经为一位年轻人提出了“求职三部曲”。起初，一个刚从大学毕业的年轻人慕名给马克·吐温写信，信中表明了对马克·吐温的敬仰，同时说明自己刚刚走出校门，想到美国西部当一名新闻记者，又由于人生地不熟，特意请求马克·吐温先生帮忙推荐一份工作。

对此，马克·吐温回信告知了年轻人三个步骤：“首先，你可以去一家报社应聘，告诉对方你不要薪水，只想找到一份工作来锻炼自己；接下来，如果你能成功上岗的话，那就要努力去干，默默做出些成绩，然后逐渐提出自己的要求；一旦你能成为业内经验丰富的资深人士，第三步自然而然就会发生——那些更好的职位就会向你抛来橄榄枝。”

年轻人认真地按照马克·吐温的“三部曲”去做，不仅在职场上获得了“一席之地”，而且没过多久便得到了他心仪的“好职位”。

无独有偶，几十年后的美国，同样是一位刚毕业的年轻人，一心想在美国求得一份名职。不同的是，这位“刚毕业”的年轻人，有的是博士学位。这样一来，求职的标准自然不能太低。没想到，由于缺乏工作经验，许多家公司都拒高学历于门外。想来想去，他决定收起所有的学位证明，以一种最低身份再去求职。

果然，这回没费多大力气，他就被一家公司录用为程序输入员。这对一个博士来说，简直是高射炮打蚊子——大材小用，但他仍然干得认认真真，一点也不马虎。不久，他的才华渐渐显出：他能找出程序中的错误，这可不是一般程序输入员可以做到的。老板特意表扬了他，这时，他才亮出了学士证书，也自然换得了一份与本科生相称的工作。

过了一段时间，老板发现这个年轻人时常能提出一些独到而有价值的建议，远比一般刚踏出大学校门的学生强。这时他又把硕士证书拿出来，老板见后又提升了他。

半年后，老板发觉他在这个工作岗位上仍然可以比较轻松地做好，就约他详谈，此时他才拿出了博士证书。这时老板对他的水平已经有了全面的了解，便毫不犹豫地重用了他——而这个职位，正是这位博士生最初理想的目标。

懂得在恰当的时候“低就”，不是不思进取和沉沦，更非懦弱和畏缩。没有目标的忍耐是苟且偷生，而有目标的忍耐，则是积弱图强。一个介意“低就”的人，只能说明他在乎表面的颜面远胜于心中的大志。积弱图强，守弱保刚，就像压紧的弹簧不是为了永远蜷缩弯曲，而是为了有朝一日的迸发。这实际是在客观上为我们创造了一种机遇，在“低就”中积蓄力量，磨练意志；在不断的自我完善中，“高就”才有所期待。

Chapter7
时间尚早，别急着去爱

钱钟书晚年时曾说：“见到她之前从未想到要结婚；我娶了她几十年，从未后悔；也未想过要娶别的女人。”生命中总会有无数个擦肩而过，不是每个相遇都能凝结成相守，转化成相知。相守是一辈子的承诺，别急着去爱，天还未老，地也未荒。

爱情是最急不得的事

时下，各大卫视的相亲节目和婚恋网站愈发盛行，越来越多的“恨嫁女”“恐婚男”也感到了一种婚恋危机，纷纷起身加入到了相亲大军中。在这其中，男女关系的模式仿佛像比武招亲式的，每个人都带着自己现有的四种出身：城市出身、家庭出身、教育出身、职业出身，寻找并制造着第五个完美出身的机会，即婚姻出身。然后，急着去配对，急着去爱琴海，急着要房子，急着生孩子，急着去生活。

然而，谁能清楚地说明白，女朋友急着想旅游想安逸，男朋友阅历不深却又急着看透世界，这些，究竟急的是什么？

爱情，本来是该慢慢来的，在我刚刚遇见你的时候，你也刚好爱上我，就在一起吧；想厮守一辈子了，管它嫁妆房子，有你就好，结婚生子，顺其自然。可是现在，一切都提前了，提前了激情，提前了告白，也提前了“伤害”和“收尾”：

某大型相亲节目，男嘉宾做足了“告白功课”，不远千里从台湾奔赴南京，只为“心动女生”而来，这是他一生迄今为止唯一的一次告白，“我很想插手你的人生，和你遛狗、看电影、宅在家里发呆，做饭给你吃；照顾你是我的责任，如果你愿意，我会用我的生命呵护你，直到永远”。

他说：“你若不嫁，我便不娶”，他说：“之前，我了解过你的一切，你生于××年××月××日，××座、×型血，祖籍在贵州，是少数民族之一，出生在湖南，长大在广州，18岁一个人去了上海打拼。你一直在照顾你的哥哥，是该有个人照顾你了……”

这样炽烈的表白打动了现场许多人，也让他的“心动女生”掉泪，只是女孩说：“我是惊而不安。”

两人在一方浓情一方纠结中擦肩而过。

女孩解释给众人听：“当时在录制现场我的心久久不能平静，多年努力想忘掉的东西，一层一层地剥开，浑身伤痕累累地呈现在舞台上……”一方是爱的浓烈，一方是被爱到窒息，双方的压力相互作用。

的确，超越时间、空间的了解会使人心生暖意，但若抱着一种急功近利的心态，对彼此了解到无死角可言，就会让对方产生一种胆颤到自我保护的心理。相比之下，同样向这位女孩表白的另一位男嘉宾，流露得就是那么温婉而自然：

在最后的环节中，该男嘉宾和缓地面对女孩说：“确实我对你还不是很了解，这样也挺好，两个人都不太知道对方是什么样子，就像一张白纸似的，一块儿在上面画画、写字，我希望有这么一个机会。”

有人说，其实我们缺乏的不是够好够对够靠谱的那个人，而是最后的最后，大家变成了彼此都需要的那个人。这句话的另一个表达方式是：让我们谈一场不赶时间的恋爱吧。多给对方一点时间，让一个不知所谓的女孩，变成某个人人生里的神兵天将；让一个青涩害羞的男孩，变成可以真正令你仰赖的男神。携手成长，经年相爱，多好。

很多年前有一个女同事，年纪不小，其貌不扬，却嫁得风光无限。不少人背后窃窃私语，讨论她到底用了什么手段。后来才发现，她让自己成为了被需要的对象，和那个需要她的男人一拍即合、结成连理。她知道办什么事情要去哪里，知道哪里有好吃又不贵的小馆，知道怎样把家里布置得温馨又不失高雅……她在自己的生活中找到了最恰当的位置，最合适的节奏；就像114、百度和GOOGLE地图，只要世界存在，她就有被需要的价值和意义。

她知道自己不够美、不够媚、不够优秀，但是她够耐心够用心够心定神怡，所以她不纠结、不慌乱，不去考虑激情的保质期、爱情的瘙痒期，只是淡然踏实的生活着，却享受着比大多数人都幸福快乐的婚姻。

可惜的是，在全民加速的时代，很多人等不到这样的春天。急着恋爱，急着结婚，急着去抓住什么。太多物质的生长周期都被人为缩短，热恋期缩短，婚姻的平均寿命缩短。答案是，因为大家都很急，所以我们不能不急，惶惶不可终日，直至最后忘记了自己是谁。

在某文学网站的情感频道，有这样一篇日志，让人看完后感叹不已：

“现在的爱情，像IT一样走得飞快。喜欢上一个女孩子，如果吃过三次饭还拉不上手，再耐心也知道要转战场，别做无谓的浪费嘛。两个人谈了一年多恋爱还没分手，别人就会催他们：该结婚了。爱情就是那份快餐，不好吃赶紧扔下，好吃就马上吃完干下一件事去。人生真的苦短到这个地步了吗？

这样的爱情坚固？无所谓，只要自己够坚强，爱情来了，抓紧享受，爱情走了，贴张膏药拍拍尘土开始下一场战斗。打不动了，没关系，抓个和自己一样精疲力竭的人结婚，婚后不合，修修补补嘛，实在弥补不了，离婚呗，需要重来的人多着呢。还好，才看到一条新闻：上海的法庭十分钟就能让一对夫妇离婚，此举大受群众赞赏。是啊，痛苦的过程又被缩短了，即使离上五次，也只是一集连续剧的时间！”

其实，就像有篇文章里所说：“你所急的事，一定是最不需要快速解决的；你所不在乎的事，恰恰需要你马上行动。”这道理好比自然界最原始的长成，“一粒种子就是要慢慢成熟，谁也决定不了它成长的速度；而你手里的苹果，耽搁了时间，就不再好吃了。还原世界本来的面目，一切慢慢来”。

有首名为《慢慢爱》的歌曲，唱出了恋爱中人的心声：“我慢慢的哼着一首歌 / 慢慢的想着一个人 / 慢慢的感受来自内心里 / 最自然的快乐 / 如果我爱着你 无声又无息 / 是否就能更加永恒 / 慢慢的爱 / 太娇艳的花 隔日就谢了 / 灰烬怎么能再燃烧 / 太疯狂的爱 一夜苍老 / 没有力气回味那美好……”

有的时候，时光能赋予你的绝然超乎你的想象。慢慢走未必就比匆匆跑要慢，走着不会错过沿途的风景，既有目标，又一路欣赏；而跑的人大都会形单影只，因为跑得太快而落下了太多的人。

是时候停下匆匆的脚步，试着慢慢来。沉下心去读一本好书，静静的听听爱你的人要对你说的话，看看在急行军阔步走的时候落下了什么，是朋友，是父母，还是相依相守的爱情？

一个人若是一辈子都在恋爱，该是怎样的幸福。别急，我在等你——炊烟起了，我在门口等你；夕阳下了，我在山边等你；叶子黄了，我在树下等你；月儿弯了，我在十五等你；细雨来了，我在伞下等你；流水冻了，我在河畔等你；生命累了，我在天堂等你；我们老了，我在来生等你。

一生一世一双人

爱是什么?

《圣经》里，神祇的爱意是这样说的："爱是恒久忍耐，又有恩慈；爱是不嫉妒，爱是不自夸，不张狂，不做害羞的事，不求自己的益处，不轻易发怒，不计算人的恶，不喜欢不义，只喜欢真理；凡事包容，凡事相信，凡事盼望，凡事忍耐。爱是永不止息。"

这说的是包含所有情感分支在内的宏观大爱。回到尘世凡间，爱情是其中之一，2013年新年，谷歌互动式地图上记录的全球50万个新年愿望中，超过三分之一与爱情有关。在前一年，俄罗斯人最常向搜索引擎寻求答案的是关于爱情的问题；这一年，泰国票房最好的两部电影《爱情大凸捶》和《爱无7限》都是爱情喜剧；韩国大辞典修改了"爱情"的定义，从以前的"因异性的吸引"，改为现在的"被对方的魅力所吸引"。

"我爱你"，这三个字在2012年有一些新的说法可供参考："我心里有你"（《一代宗师》）、"你存在我深深的脑海里，我的梦里、我的心里、我的歌声里”（《我的歌声里》）、“什么时候爱上她的？当我知道我再也见不到她的时候”（《搜索》）、“我爱过一个人，一心想要和他在一起，他说他爱我，我信了”（《画皮2》）。

爱情，依然是这个世界上最为重要的非理性力量，只是，你真的爱过吗？

是甜言蜜语、海誓山盟，还是温馨浪漫、体贴入微，抑或相依相守、与子偕老？都是，也都不是。当你真的爱上一个人时，心里想的只有简单的三个字：在一起。不管贫富贵贱，无论摩擦吵闹，都只是心如磐石。80年前的春天，湖畔诗人应修人离开的那天，妻子在他的长衫衣袋里发现一首小诗：“我爱你/如今还很爱你/纵然天地一起坍塌/可是从这败墟之中/依然有我的爱火飘飞”。

这种相依相守经受住了现实生活的考验，互相有了默契，有了理解和包容，爱才显得真切、快乐，而幸福。没有过多的要求，只是简简单单地陪在你身边，一直陪下去，至终老。

每天晚饭后，小区花园里都会有附近居民自发聚在一起的交际舞会。在翩翩裙裾、高领西裤中，有一对衣着俭朴甚至可以说有点土的中年人，格外显眼。

男人个子不高，头发倔强地立着，显出一副掩饰不住的沧桑；女人与男人身高相仿，舞步娴熟，神态自若。在偌大的舞池中，他们的舞姿算不上最美的，但却是最动人的。每当一曲终了，他们便相携走到亭廊边休息；舞曲再起，女人抬起双手，像是在空中虚无地寻找着什么，等待着男人一手搭上她的肩，一手与她相握。那一刻，借着夕阳的光亮，可以看到女人平静的脸上浮现出的一丝不易察觉的微笑，小小的幸福感，却能让人真切的体察到。

时间久了，常来跳舞的人彼此都熟络起来，才知道，原来，男人是走街串巷收废品的，收入微薄，无钱娶妻。女人因为双目失明，无所依从。从他遇到她的那一刻开始，两人便约定相守在一起，从此以后各自也都有了依靠。

对于他来讲，在走街串巷时想着家里的女人，收工回家时，看到女人靠在门边，含笑向着他回来的方向——这些时候，他是幸福的；对于她而言，男人奔波忙碌一天回到家，捎带给她一碟清淡的素菜，配上他熬的一碗粥或做的一碗面——那些时候，她也是幸福的。吃完晚饭后，他牵起她的手说，走，我们跳舞去——那一刻，他们都是幸福的吧?

“执子之手，与子偕老”并非每个人都能说出口，不是不敢说，而是说不起。爱对于每一个人来说都是一段陌生的旅程，人生有限，谁也不可能一路爱下去。最初的激情只不过是证明爱情的深度，而爱情的长度则在相处的每一个细节里。这句只有八个字组成的话语，并不只是一种简单的承诺，更是一种平淡背后的深沉信仰：在千万人之中，在时间无涯的芳草地上，没有早一步，也没有晚一步，恰巧被我们遇上了；只需轻轻地一握，就这样牵着对方的手，一直相扶着走向永远。

被评为2006年“中国十大经典爱情故事”之一的“爱情天梯”，是一个普通山村里的普通男子，和比他大10岁的寡妇的故事。

50多年前，重庆江津中山古镇高滩村村民刘国江徐朝清相爱了，她是一个比他大10岁的寡妇。无疑，他们的相恋引来了无数的闲言碎语。他们携手私奔进海拔1500米的深山老林，从此远离一切喧嚣扰攘。

闭塞的环境中，为了能让妻子顺利出行，刘国江一辈子都忙着在悬崖峭壁上开凿石梯通向外界，一凿就是半个世纪，凿出了六千多级“爱情天梯”。

继2007年刘国江老人猝然离世后，2012年秋，87岁的徐朝清去世。至此，她和刘国江的“爱情天梯”亦成为绝唱。

除此，在媒体的寻找下，另一个金婚的故事渐为人知：

60年前，新婚的丈夫告别妻子随部队撤到台湾。在随后的36年里，他写下500多万字的情书。上世纪80年代底，丈夫终于回到老家，自此与妻子形影不离，厮守28年直至去世。

在海南，一对耄耋老人相守半个世纪。直到今天，老太太还坚持亲自照顾老爷子的饮食起居，“一般人没法给他端屎端尿，只有我做得到”。

在一次采访中，记者问一位老人：“如果现在去天国，你打算带什么？”老人回答：“我会带上一朵玫瑰花，我好久没见我的妻子了。”

史铁生的妻子陈希米在刚刚出版的怀念散文集《让“死”活下去》中写道：“我只想能跟你在一起安安静静地说话，听你掏心掏肺，也跟你袒露一切。那才是人最好的生活。”

从相恋结婚到相守，最好的爱应该是那种经得起平淡流年的成长：保持独立的人格，与你的恋人共同成长，在相守的途中发现新的自己和对方，将美好的时光延伸。真的爱过，其实也只是一生一世一双人，他能给你快乐和安心，你能给他理解与信任，在平淡琐碎的日子里，简单安宁，静水流深。

❁ 我们爱一辈子好不好

“我们在雨里相识 / 一起从梦中醒来 / 你是我的珍爱 / 我真诚的期待今生不分开 / 只想用我的疼爱 / 抚平你心里的悲哀 / 用温柔的情怀 /穿过心海相爱到永远 / 我们爱一辈子好不好 / 做彼此最真实的依靠 / 你的宽容我多么需要 / 看身边的你慢慢变老 / 我们爱一辈子好不好 / 你是我生命中的骄傲 / 从陌生到牵手拥抱 / 缘分注定到天涯海角 / 我们爱一辈子好不好……”

一首《我们爱一辈子好不好》唱出了多少相爱之人的心声，可是，又有多少海誓山盟的“一辈子”，经不住岁月无情的变迁，成了措手不及的“两个人”：

台湾著名艺人陈升曾做过一件很动情的事：他提前一年预售了自己演唱会的门票，且仅售情侣套票，也就是说，一个人的价格可以获得两个席位。但有一点很特别，一张情侣套票分为男生券和女生券，恋人双方各自保存属于自己的那张券，一年后，两张券合在一起才算有效。

显然，这是个难得证明自己爱情的方式，门票一抢而空。

“我们要在一起一辈子呢，一年，算什么？”

然而，这看似简单美好的愿景终被赤裸裸的现实击败：第二年演唱会如期举行，在现场，专设的情侣席位果然空出了许多位子。面对那一个个空座，陈升脸上带着歉意，开始了自己的那场演唱会，名字就叫：明年你还爱我吗？

网上盛传一则短小的故事：孙女问奶奶，是什么能让你们维护一份感情长达60年？奶奶若有所感地说道，“那个年代什么东西坏了都会想要修，现在什么坏了，都想着换。”

两个人从相遇到相知，再到相恋，是美丽而充满诗情画意的，而将这种美丽进行到底，则需要深厚的缘分，莫大的勇气，更需要用心的呵护。多么轰轰烈烈的爱情，也会在岁月的洗礼中让激情慢慢沉淀，剩下平淡无奇的日子。爱不是一句台词，而是一种承诺，一种对爱的执着和坚韧。

也许，最好的爱情不用文艺，而是投石击水，不起浪花，也泛涟漪。心底的悲欢冷暖，外人无需知，天地无需晓，只要你知，他知。真爱如禅，不可说，不需说，一切自在感受。生死相隔的爱情更多的是给世人看的，白头到老的爱情才是过给自己的。

在王小波《爱你就像爱生命》中，有一封他给李银河写的信，其中一句话说：“我和你好像两个小孩子，围着一个神秘的果酱罐，一点一点地尝它，看看里面有多少甜。”王小波去世后，这封信传唱天下。

都说，“我能想到最浪漫的事，就是和你一起慢慢变老，直到我们老得哪儿也去不了，你还依然把我当成手心里的宝。”

也许，婚姻生活就是柴米油盐，重复平淡，毫无起伏，但在这些背后，却有着任何甜言蜜语都无法替代的，理解、宽容，细心体贴、相扶相持。

画家吴冠中和妻子有一张照片：飘着细雨的黄山上，他在画画，她站在后面，默默地为他举着伞……多年后，他们的爱情又是另一幅画面：她患上老年痴呆症，总怕煤气没关好，去厨房来来回回地开关煤气，他就跟在身后，她开了，他就关，从不嫌烦……

当真的爱上一个人的时候才会懂得，真爱，就爱一辈子。这种经受得住现实生活考验的爱，才显得真切而又深沉。没有过多的苛求，只是简简单单陪在身边，一直陪下去，至终老。

还在玩“过家家”的时候，我说我爱你。你正在低头认真做着手里的“家务活”，听到我的话后抬起头，眨着水晶般的大眼睛，疑惑地问：“什么意思啊？”

中考完的那年夏天，我们一起到公园划船。湖面上，我说我爱你。你的脸瞬间映上了一团火烧云，把头深深埋进胸前，摆弄着衣襟，好像在笑。

上了大学，有一年除夕夜，当新年的钟声敲响时，我把你叫下楼，在满天烟花的背景下说我爱你。我们相拥在一起，你紧紧地挽住我的手臂，恐怕下一秒我会消失似的。

刚参加工作的第一年，我把年终奖拿给你时，我说我爱你。你把早餐放在桌上，跑过来刮了一下我的鼻子说："知道了，懒虫，该起床了！"

30岁那年，我在你生日那天说我爱你。你笑着说："下班早点回来，记得买点菜。"

孩子中考那年，某天晚饭后，看着你疲惫的身影，我说我爱你。你边收拾碗筷边面无表情地嘟囔着："行了，行了，快去帮孩子复习功课去吧！"

送儿子去大学报到回来，当天晚上家里只剩下我们俩，我说我爱你。你打着毛线，头也不抬："真的？你心里是不是巴不得我早点儿死掉。"

在全家人为你过60岁大寿时，我说我爱你。你笑着捶了我一拳："死老头子！孙子都这么大了，还贫嘴！"然后就咯咯咯地笑个不停。

70岁时，我们坐在摇椅上，戴着老花镜，欣赏着50年前我给你的情书，布满皱纹的手像50年前那样紧握在一起。那时候，我说我爱你。你深情地望着我，我看到你那已经布满皱纹的脸依旧那么美丽，炉子上的开水咕嘟咕嘟地冒着热气，温馨的暖意充满了整个屋子。

80岁时，你说你爱我。我什么也没说，但那是我人生最快乐的日子。我流泪了，因为你终于对我说出了那句“我——爱——你。”

90岁时，我们在一起，一同向对方说：我爱你。今生最大的享受就是能够牵着你的手，幸福地陪你走完这一生。

“执子之手，与子偕老”，它不是一句简单的话语，而是在千万人之中、在时间无涯的芳草地上，没有早一步，也没有晚一步，恰巧被我们遇上了的人。年年岁岁花相似，岁岁年年人不同。不需要太多言语，只要轻轻一握，就这样牵着对方的手，一直不放地走下去。在这个物欲横流的时代里，人们也许可以因为很多看似合理的理由在一起，但如果是因为爱情，那么，请珍惜。

和在一起的人慢慢相爱

佛缘说，每一颗心生来就是孤单而残缺的，多数人带着这种残缺度过一生，只因与能使它圆满的另一半相遇时，不是疏忽错过，就是已失去了拥有的资格。生命里一半精彩一半落寞，这才是最好的青春，它不是残忍，或者别离和毁灭，而是祝愿、珍惜和永远。

其实，又有多少人不知晓这样的道理？只不过是知易行难罢了。

女人如花，多少人曾爱慕青春时的容颜，但岁月流长，是否有那么一个人，虽不能白首偕老，却始终在心里留一个位置给她，永生怀念。

男人倜傥，一生爱过几个女子或许也并不重要，重要的是，是否有那么一个人，无论何时何地想起都满心欢喜，想去见她，就像儿时所见的红蜻蜓在油亮的绿草上点点停停。

曾经，在某网站读到过一篇描写林语堂婚恋往事的文章，名为《和在一起的人慢慢相爱》，至今记忆犹新。

文章开头用“可爱的老头”这样的字眼来形容林语堂，因为他说：“把婚姻当饭吃，把爱情当点心吃，那就好了。”能这样形容婚姻与爱情之间距离和关系的人，背后该有着怎样的故事?

在《八十自述》这本书，林语堂这样写道：“我从圣约翰回厦门时，总在我好友的家逗留，因为我热爱我好友的妹妹。”这个“妹妹”名叫陈锦端，是作者初恋、热恋，直至80岁仍难以忘怀的对象，甚至久病缠身却双手硬撑着轮椅站起来，兴奋地说“我要去看她！”而他终身所娶的，却不是这位陈妹妹，而是一位叫廖翠凤的女子。

这“不忘相思”的“老头”，便是林语堂。

1912年，17岁的林语堂远赴上海，来到圣约翰大学读书。就是在这儿，“最好的事”发生了：林语堂认识了同属一个教会教育中心的女校学生，陈锦端。用林语堂自己的话说，“她生得确是奇美无比”。才子钟情佳人，佳人爱慕才子，两人陷入了美好的热恋。

一切就像小说一样，相爱的男女到了谈婚论嫁之时，女方家长站出来，棒打鸳鸯：出身名门的陈锦端和教会牧师的儿子林语堂，怎么也是门不当户不对，在那个时代，是无论如何也得不到女方父母认可的。

然而，毕竟是书香门第，礼节还是要讲的：陈父拒绝了林语堂与自己女儿的婚事，却给他搭了另外一座桥：隔壁廖家的二小姐贤惠又漂亮，如果愿意，他可做媒。

这廖家二小姐就是廖翠凤。林语堂的横溢才气和俊朗相貌，让廖翠凤一见钟情。只是和陈家一样，廖母也不看好这门亲事，幽幽地对女儿说："语堂只是个牧师的儿子，家里没有钱。"廖翠凤倒是干脆坚定："穷有什么关系？"

一个富家姑娘，不嫌贫爱富，不怕跟着心爱之人吃苦受累，除了爱她娶她，努力让她过上好日子，男人无以为报。林语堂和廖翠凤定下了婚事。

1919年1月，林语堂迎娶廖翠凤为妻。结婚当天，林语堂做了一件无人闻听无人敢做的奇事：他把一纸婚书扔到火堆，对新婚妻子说，把婚书烧了吧，那只是离婚时才用得着。也许，这就是林语堂对廖翠凤的承诺？答案，只有他们两个人知道。

婚后的生活果然如廖母所言，日子并不富裕，甚至过得辛苦。但即使在捉襟见肘的时候，廖翠凤也能愉快的和丈夫享受在一起的平常日子，简单的饭菜照样能让她做得花样百出。实在揭不开锅时，她默默当掉首饰以维持生活。

其实，廖翠凤心中深知，对于结婚前后的那段往事，丈夫始终不曾放下，但她却并不计较。在上海居住时，她常常会邀请尚未成家的陈锦端到家中做客。每每这时，林语堂的紧张局促、坐立不安，让孩子都看了奇怪。廖翠凤微微一笑，平和地对孩子说：“爸爸曾喜欢过你锦端阿姨。”后来，孩子又发现了一个秘密：“为什么爸爸的画中女子都是一个模样：留长发，再用一个宽长的夹子挽起？”林语堂也不掩饰，抚摸着画纸上的人像，说：“锦端的头发就是这样梳的。”

对于过往，林语堂并不隐瞒，大家都知道他对陈锦端的情意；但是林语堂的智慧就在于，不和生活较劲，得之我幸，不得我命。旧情再好，往事再美，不过已是云烟，最要紧的是珍惜眼前人。和在一起的这人，好好生活，岁月静好。天长日久、烟火岁月，他早已爱上了身边这位与他相知相伴的妻子。即使有拌嘴或争吵，他也总是会首先闭口不言，甚至有些得意的说这是自己独有的妙招：“少说一句，比多说一句好；有一个人不说，那就更好了。”如他在书中所写：“怎样做个好丈夫？就是太太在喜欢的时候，你跟着她喜欢，可是太太生气的时候，你不要跟她生气。”

时光荏苒、岁月流逝，转眼间半个世纪过去了。

1969年1月，在台北阳明山麓林家花园的客厅里，一对喜烛点燃，林语堂和妻子一起庆祝结婚五十周年。庆祝会上，两鬓斑白的林语堂牵着太太的手，面对众人，说了一段“真情告白”：“我和我太太的婚姻是旧式的，是由父母认真挑选的。这种婚姻的特点，是爱情由结婚才开始，是以婚姻为基础而发展的。”说着，他把一枚精致的勋章戴到廖翠凤胸前，上面刻着一首美国名诗《老情人》，林语堂把它译成了中文五言：“同心相牵挂，一缕情依依。岁月如梭逝，银丝鬓已稀。幽冥倘异路，仙府应凄凄。若欲开口笑，除非相见时。”感恩之心可见，珍爱之情可表。

在过去的一万八千多天里，他们相互之间没有计较对方付出的多少，而是一直都在“给”与“爱”。林语堂曾得意地说：“我把一个老式的婚姻变成了美好的爱情。”

1976年3月，林语堂逝于香港，灵柩运至台北，葬于阳明山麓林家庭院后。廖翠凤一直守着他安度晚年，直到她与他在另一个世界再相见。

或许，真正的爱情无需计较在一起时的热烈，单看不能相守后，是否还情如当初。而婚姻，又并不一定非要以莫测的爱情为基础，她犹如一艘雕刻的船，就看怎样去欣赏和驾驭。男女互补所创造的幸福，是可以让爱情在婚姻中生长的。让尘归尘，土归土；不执念，不摧毁；不逃避，不空无，灵魂自会寻找方向。

跟该爱的人一起生活

2013年5月，一位女艺人暌违三年的全新专辑发表。与以往不同的是，这是她进入人生新阶段后的全新体悟，尘埃落定，她忍不住又想借由自己最喜欢的歌唱，来分享一些心声。

她在新专辑同名主打歌《亲爱的路人》中这样唱道：“总要为想爱的人不想活 / 才跟该爱的人生活 / 来过 走过 是亲爱的路人成全我/ 那时候 只懂得爱谁最多 / 忘了谁最懂得爱我 / 对的人会成为一对 / 因为 再不怕犯错 / 没有错 让最爱的人错过 / 才知道最后爱什么 / 来吧 来吧 让亲爱的路人 珍惜我 / 没有你们爱过没有我。”

这位女艺人，就是那个“没有红酒的高贵典雅，没有咖啡的精致摩登，却自有一种温润香浓的芬芳”的奶茶——刘若英。

曾在某网友的微博上看到过《为爱痴狂的女子，将不再孤单》一文，文笔细腻而流畅，让人看到了一个别样女子的情路征程：她曾走在一条文艺女青年的绿荫小道上，不知爱情在何处；她曾高声唱着《为爱痴狂》，感叹着《原来你也在这里》，在似水年华的时光里痴痴等待。终于，在2011年8月，她迎来了自己的爱情。

幸福降临时，有人祝福，有人感叹，还有一些人谈论着另一个名字：陈升。在某期的娱乐节目《桃色蛋白质》中，许多人近距离地了解了奶茶和陈升之间的故事：是他带她入行，为她打造《为爱痴狂》；是他告诉她，“唱片不是歌手的名片，也不是你嫁入豪门的跳板，而是我们真的付出很多生命在里面”；是他亲口对她说：“我会做那种永远让你找不到的爸爸，而不是那种要去问儿女会不会回来吃晚饭的爸爸”；而当闻听刘若英婚讯时，他忍不住眼眶湿润，“因为心中有嫁女儿的感动”。

2013年10月，刘若英在博客中写下了一篇《给九十岁的你》的文章，这是给陈升散文小品集《9999滴眼泪》的推荐序，里面有这样一段话：“你的确在我生命中扮演了很多角色，你也说过，大树要在天空交接相会才有意思，那时你的意思是说，我还是棵小苗，别老依附着你，要我自己学着长大！嘿嘿，你总会有九十岁的时候，我也会有八十岁的时候，到那个时候，我不奢望我的树长得比其他人高，也不需要长得跟他人一般高，我只确定，我的树顶能遥遥见得着你的树顶就够了。”

也许，每个女孩心里都有一位父亲般的依恋和仰慕，在他面前永远像学生一样羞愧不完美。他教会了她成长，开启了她的智慧，让她发现一些生活的真相。只不过，年轻时候的我们往往会把这种感情幻想成童话，很美，却也令人唏嘘。直到有一天随着渐渐长大终于明白，那些在你生命中经过的人，或留下痕迹，或色彩鲜明，或灰暗模糊，然后，才“跟该爱的人生活”，才会爱得快乐。

十几岁的时候，她失去了父亲。在缺失父爱的环境里长大，遇到麻烦的时候，她总会看到母亲那张焦虑的脸，这多少也影响到了她，以至于在面对很多问题时，她少了几分刚强和勇敢。潜意识里，她一直渴望能够有个人借给她一双翅膀，助她飞翔。

二十几岁时，她遇到了他。他符合她心目中完美男人的所有标准，事业有成，心思沉稳，细腻体贴。她不用多说什么，他就能一眼看穿她的心事；她不用费心的解释，他就能给她最好的安慰。唯一的遗憾，他年长她20岁，早已为人夫，为人父。

有段日子，她问过自己：究竟是爱上了他，还是把缺失的父爱寄托在了他的身上？她说不清楚，只知道已经深陷其中，不可自拔。在公司里，她努力成为他最好的助手，每每帮他漂亮地解决了一些问题，在得到他由衷的认可时，她心里会涌起一股浪花般的喜悦感；在生活上，她留意他每一个重要的节日，提醒他或是帮他准备好一切。

精明而历经世事的他，何尝看不出这个女孩的心思？可在他心里，她不过是一个比自己女儿年长几岁的孩子，仅此而已。他能够给予的，不过是在这个陌生的都市给她一份稳定的收入，让她找到一份属于自己的安全感。

偶尔，他会跟她开玩笑，或是故意调侃她，说给她介绍男朋友。她浅浅一笑，心里却不好过。偶尔，他会故意跟她说起，自己的太太和女儿，说起家庭生活，甚至谈及他年轻时的一些往事，以及和太太的深厚感情。其实，他是在提醒她。

公司年会上，他偕太太共同出席。那是她第一次见到他的太太，果然气质非凡，虽已不再年轻，却别有一番韵味。一整晚，她就窝在不起眼的角落里，黯然神伤。

不久后，公司需要派遣一位职员到丹麦总部，她主动提出了申请。按照她的性情，过去就算有这样的机会摆在眼前，她也不屑一顾，她真的不愿离开他。可现在，她却执意要走，义无反顾。踏上飞往丹麦的飞机时，她哭了。可是，她不后悔。

时隔两年，她回来了，再次与他相见。两人握手问候、四目相对的那一刻，她又哭了，但不是难过，不是感慨，而是像见到了阔别已久的亲人。此时的她，已经有了另一半，正准备踏上新生活的征程。

她突然明白：从前那份复杂的情感，并非是爱情，只是一种寄托。

生命中，总要有些人教会你，什么是甜蜜，什么是痛苦，什么是拥有，什么是遗憾；同时也教会你，什么是错过，什么是真爱。总要为想爱的人不想活，才跟该爱的人一起生活。

❁ 你不要找，你要等

置身于茫茫人海，她亦不过是平凡女子一枚，34岁，未婚。望着周围成双成对的背影，她的心里也不免会感到一阵清冷和孤独。为了排遣寂寞，她不断地相亲，不断地约会，逃避独处。可就像人们说的那样："狂欢是一群人的孤单。"每次回到家，她只觉得心又被掏空了许多，没有换得一丝安稳和踏实。

从20几岁开始，她的身边陆陆续续出现过不少男人，可似乎每一个人都不是她想要的，真正的爱情宝盒，一直深藏在心里，没有任何人打开过。仅有的几次恋爱，都以失败告终。她也曾试着与对方磨合，努力说服自己欣赏对方的好，可那感觉却总是怪怪的，很牵强。有时候，她不知道自己喜欢的是眼前的那个人，还是仅仅贪恋对方给予自己的好？

日子就这样一天天地过着，她的心越来越麻木。

偶然的一次，新婚的女友问她："你对另一半的期待很高？还是只想找一个彼此相爱的人？你是无法忍受对方的缺点，还是在对方身上找不到爱的感觉？"她思量着这几个问题，而后终于明白：她要的不过是一份真正的爱情，不是单纯地被人呵护，也不是奢华的物质生活，更不是成为彼此的慰藉。

爱情，何时才会出现？对的人，现在又在何方？

女友笑笑说：“看过张爱玲的《半生缘》吗？里面有句话说得好：‘我要你知道，在这个世界上总有一个人是等着你的，不管在什么时候，不管在什么地方，反正你知道，总有这么个人。’爱情可能会姗姗来迟，但你要相信，总有一天那个人会出现。”

席慕蓉曾说：“为了与你相遇，我在佛前求了五百年。”爱情，向来都是可遇不可求。每一段爱情佳话的背后，多多少少都蕴藏着一段美丽的等待。

中国作协主席铁凝曾经在接受《南方周末》的记者专访时，谈及到她的情感生活：

1991年初夏的一天，铁凝去看望冰心。那一年，铁凝34岁，冰心90岁。

中国两代优秀的女作家，进行了一番奇妙的对话：

“你有男朋友了吗？”冰心问铁凝。

“还没找呢！”铁凝笑着回答。

“你不要找，你要等。”冰心说。

铁凝记住了冰心老人这句充满禅机的话。这一等，就是

16年。

直到2007年4月26日，一则消息轰动了整个文坛：铁凝与经济学家华生结为秦晋之好。当时的铁凝50岁，这是她第一次品尝到婚姻的甜蜜。提及对丈夫华生的评价，铁凝只说了一句话：“他是我一生可以相依为命的人。我喜欢相依为命这个词。爱情是无法言说的，所谓爱情就是当它到来的时候，其他的一切都将落花流水。”

在过去几十年的婚姻空白中，铁凝铭记着冰心老人的话，她说：“一个人在等，一个人也没有找，这就是我跟华生这些年的状态。我说对爱情要有耐心，当然期望值不必过高，但不要让希望消失，我想是这样。永远不要放弃自己的期待。”

一直以来，她都渴望能够等到这样一个男人：带给她生命的喜悦和内心的充盈。真好，她遇见了华生。当真正的爱情降临时，一切都显得是那么顺其自然，两人在慢慢的接触中感觉到，彼此就是要寻找和等待的爱人。

铁凝和华生曾经去过江苏的金山寺，那里有一块匾，上面篆刻着“心喜欢生”四个字。意思是说，如果心喜悦了，欢乐就生出来了。他们一起在苏州的山塘老街上听评弹，一起听《杜十娘》，听《太湖美》，但真正打动他们的，还是根据陆游和唐琬之词改编的古曲《钗头凤》。两个心怀柔情的中年人，在千百年的爱情绝唱中，相视一笑。他们在茫茫人海中，找到了灵魂之伴侣，这是何等的幸福。

生活中的等待有许多种：等待真爱的人出现，等待被别人挑选，等待可遇不可求的机会，等待……后面的省略号代表了未来的日子，它像一个谜，我们永远猜不到里面装的是什么。但有一点可以肯定，“人类的全部智慧就包含在这些字里面：等待与希望。”

纵观世间茫茫，似乎所有美好的事物，都是需要沉下心来慢慢等待的。品一壶好茶，烧开水，看着嫩绿的茶叶在沸水中轻轻舒展开来，慢慢融入清水中，散发出沁人心脾的淡淡幽香；又如爱情，向来是可遇而不可求。这大概就是顺其自然，随遇而安了吧。

真正的爱情和长久的幸福，绝不是为了结婚而结婚的关系，也不是委曲求全的勉强结合，而是顺其自然，水到渠成。缘分未到时，别着急去爱，天未荒地也还未老，耐心地等待。总有一天会遇到一个人，让你感觉之前经历的所有苦痛，都是值得的。那时，便心甘情愿。

❈ 敢爱，也要勇敢分

“看着身旁的人一对对 / 想起谁心痛在作祟 / 你看窗外山花开得那么美 / 只想牵你的手化蝶翩翩飞 / 我以为爱过就不会后悔 / 每次醒来的时候眼角还有泪 / 难道受伤的心还在呼唤谁 / 快来吧快来吧让我爱一回 / 谁是谁的谁的谁 / 谁让谁憔悴 / 谁是谁的谁的谁 / 谁让谁伤悲 / 来来往往的人 / 谁认识了谁 / 谁与谁相逢 / 谁是谁的谁……”

谁是谁的谁，凭栏处，似忆喧哗旧事，却终究明白，这世上，没有谁离不了谁。无论怎样，我们都要继续生活，无论如何，我们都还有继续幸福的机会。

荣获2010年金球奖的电影《和莎莫的500天》讲述了一个颇具超现实主义色彩的爱情故事，正如宣传语所言“一个不相信真爱的女孩遇上了一个疯狂爱上她的男孩”：女孩莎莫有着天使般惊艳的笑容，男孩汤姆则是一个曾经拥有建筑师梦想的普通小职员，共同的爱好让他们迅速坠入爱河。

汤姆相信命运的安排，坚信女孩就是他的唯一，而莎莫受到儿时父母离异的影响，对恋人关系和婚姻充满了不安和恐惧。甜言蜜语背后隐藏着不一般的矛盾，一个相信命中注定，一个清醒认识现实。终于，在一个温暖的午后，汤姆的世界到底还是崩塌了：莎莫毫无理由地向他提出了分手。

故事的结局颇有反讽意味：原本不相信婚姻的莎莫最后成了别人的妻子，而本来坚信命中注定的汤姆却开始憎恨爱情。就在这时，汤姆遇到了另一个让他怦然心动的女孩，一瞬间他恍然醒悟，原来没有什么所谓命中注定，奇迹也不会天天发生，一切都只是随遇随缘的巧合。

诚然，我们可以理解，包括你我在内的几乎每一个人都怀有一种美好的愿景：盼望一见钟情，期待至死不渝。很多时候，女人会一厢情愿地编纂、导演自己的爱情戏，相随相伴，不离不弃，以为有朝一日终会打动他的心。然而，随着岁月的流逝，那些终究是庄公晓梦，再美，也只是恍恍惚惚的遥远。一旦失去，便悲恸到深感一辈子不会再爱了。

殊不知，有时候我们恋上的并不是某个人，而只是那种非你不可的美好执着。等到我们邂逅下一个对的人时，回首间才会猛然发现，那个曾经让我们撕心裂肺的人竟然变得愈加模糊，那些自以为刻骨铭心的事也已经忘却得差不多了。

林徽因曾说：“红尘陌上，独自行走，绿萝拂过衣襟，青云打湿诺言。山和水可以两两相忘，日与月可以毫无瓜葛。那时候，只一个人的浮世清欢，一个人的细水长流。”

在一起的时候，女人时时感到，再美妙的幸福也不过如此了：她熟知男人的一切，衣服、裤子、鞋子，男人最喜欢的穿衣风格，最爱的口味，最常用的烟酒牌子……一切的一切，女人都无需背诵，因为有爱，所有的记忆都是那么自然而然，仿佛不经意间就印在脑子里，刻在心里了。

女人逐渐在爱中迷失自己，因为怕失去，所以她不断加倍地对男人好。但即使这样，仍旧没能扭转那个结局：“我们，分手吧。”

当男人搬离租住公寓时，向来追随他到天涯海角的女人世界顿时失去了颜色，仿佛自己的灵魂都被装在了男人的行李箱中，被他全部带走了。

从此，一切似乎都变得了无生机，工作不顺，生活不顺，事事不顺，仿佛周围的所有都在和自己作对。

其实，这哪里是有谁在作对，而是手里还握着爱情那一点残留的痕迹，没有真正放下。要知道，一份逝去的爱不过是红尘路上一个小小的插曲而已，它不是生活的全部，无论如何，生活还要继续，还要好好的生活。

正如歌中所唱：“幸福不在远方，开一扇窗许下愿望，你会感受爱，感受恨，感受原谅，生命总不会只充满悲伤。他走了带不走你的天堂，风干后只留下彩虹泪光，他走了你可以把梦留下，总会有个地方等待爱飞翔。”

是啊，一段爱飘走了，却带不走你的天堂。芸芸众生，没有谁可以死生契阔、寸步不离，总会有人来又有人走。爱过，本身就是一种生活的所获，是生命的一次成长。同样是女人，在分手时写下的心声，便透露出一种洒脱，一种淡定，一种“自我”的幸福：

现在的我，不再等你夜归，不必再强迫自己从温暖的被窝里爬起，为总是忘带钥匙的你去开门。现在的我，不再问你想吃什么，不必浪费难得的假日等你回家，这让我有了更多的自由时间去做自己喜欢的事。现在的我，不再像黄脸婆似的唠叨你，不再告诉你酒后驾车的种种危险，更不会在晚饭后打电话催你早回。

我已经没有义务和责任再去管你，也不必顾及你的面子而不敢大大方方的说话。现在的我，变得安静而善解人意，智慧而充满理智。朋友见面都说我的状态很好，这让我欣喜若狂。

现在的我，想对你说一声谢谢，谢谢你的离开，让我开始了更精彩的生活！

生命的旅程中，中途必定会有人下车。人生在世，背负的不止是情感，还有责任。一棵树和整片森林，一颗星星和整片天空，前方失去的，谁也不知道又会在后来的何时何地重新拾起。未来还长，不用急着悔伤，也不用急着寻找，若一生真的只为一次牵绊，岂不是错过了丰富的所有？

何况，爱情路上，谁又能说一段感情的结束就注定是场悲剧呢？有时，说不定也是另一种美丽的开始。在“没有谁”的日子里，重新认识自己，再次塑造自我，一个人，浮世也清欢。